从零到一学

Word

WEEK WEEK UP! 一周进步编辑部 主编　　陈丽诗　靳艺林　编著

U0281191

电子工业出版社
Publishing House of Electronics Industry
北京·BEIJING

内 容 简 介

本书旨在帮助从未系统学习过 Word 的人快速掌握 Word 的操作技巧。

本书共 9 章，涵盖了 Word 中常用的功能，包括文本格式、页面设置、Word 排版、办公协作等。

由于面向人群是 Word 零基础学员，因此在本书中，我们将会重点介绍 Word 基础功能和常用技巧，扫清基础障碍，并在最后一章进行一定的拓展。

为了让本书不至于太枯燥，我们会在讲解的同时设立实战场景，并提供对应的方法，帮助读者找到问题的"正确解决方式"。

最后，衷心希望本书能够成为你在 Word 软件学习上的"领路人"。

图书在版编目（CIP）数据

从零到一学 Word / 一周进步编辑部主编；陈丽诗，靳艺林编著 . —北京：电子工业出版社，2022.4

（从零到一学 Office 系列）

ISBN 978-7-121-43107-4

Ⅰ . ①从… Ⅱ . ①一… ②陈… ③靳… Ⅲ . ①文字处理系统 Ⅳ . ① TP391.12

中国版本图书馆 CIP 数据核字（2022）第 042697 号

责任编辑：张慧敏
印　　刷：天津千鹤文化传播有限公司
装　　订：天津千鹤文化传播有限公司
出版发行：电子工业出版社
　　　　　北京市海淀区万寿路 173 信箱　　邮编：100036
开　　本：880×1230　1/32　　印张：6.625　　字数：252 千字
版　　次：2022 年 4 月第 1 版
印　　次：2022 年 4 月第 1 次印刷
定　　价：69.00 元

凡所购买电子工业出版社图书有缺损问题，请向购买书店调换。若书店售缺，请与本社发行部联系，联系及邮购电话：(010) 88254888，88258888。

质量投诉请发邮件至 zlts@phei.com.cn，盗版侵权举报请发邮件至 dbqq@phei.com.cn。

本书咨询联系方式：010-51260888-819，faq@phei.com.cn。

丛书序

从创业开始，到如今第一套丛书出版，我们用了5年时间。

2016年，微课兴起，我也很想参与进来，于是我在大学图书馆注册了一个微信公众号。在选择公众号名称时，我犹豫了很久，不知道是选择"周进步微课"，还是选择"一周进步人"。那时在实习阶段，公司领导和我说过一句话——公司名字取得抽象一点，能够"活"得久一点，于是我选择了"一周进步"这个名称。

为了运营这个微信公众号，我们几个大学生每天早上5点钟爬起来写文章，只是为了完成早上7点半必须发文的目标；还有一周一次的免费微课，我们整整坚持了两年时间。在此期间，我们还建立了免费的Office交流社群、免费的Office训练营。

5年时间，我们撰写了超过1000篇优质Office图文干货，拍摄了超过300集Office教学视频，录制了超过1000小时的Office系统教学课程。

截至2021年12月，关注"一周进步"的用户在全网已经超过了800万人，你可以在任何新媒体上搜索"一周进步"关注我们，包括但不限于微信公众号、B站、小红书、抖音、微博。我们的免费视频教程在B站的播放量已经超过500万次，还有超过20万名学员学习了我们的Office付费课程。

今天，我们终于可以大声告诉各位我们的初心——"一周进步"是一个垂直于 Office 教学的内容教育品牌，我们致力于改变大家对 Office 软件的看法，帮助大家通过 Office 来建立自己的职场竞争力。

我们发现，除了线上课程、图文干货、短视频，图书也能够更好地承载知识，所以，从 2021 年上半年开始，我们全力筹备撰写这套丛书——《从零到一学 Word》《从零到一学 Excel》《从零到一学 PPT》。

"从零到一"是一份责任，代表我们会帮助每一位 Office 小白，从零开始一步一步学会 Office 的操作，掌握职场高效工作技巧。

"从零到一"是一种象征，代表我们从零开始创业，一步一步做出今天的成绩。

"一"也代表一周进步的"一"，告诉我们，一路前行，有始有终，不忘初心。

"从零到一学Office系列"丛书终于要出版了。在这里，我们要特别感谢周瑜、大梦、柳绿、桃红、张博、丽诗等一周进步早期创始团队成员，感谢你们，让一颗小小的种子发芽壮大。

同时，特别感谢为本书出版立下汗马功劳的本书编写组成员张耀嘉、丽泽、蔡蔡三位小伙伴，没有你们，这套丛书也不会这么快和大家见面。

最后，还要感谢本书的读者，感谢你对我们的信任，购买并且阅读了本书，能够让我们有机会走到你的身边，我们也不会辜负你的期望。

珞珈

一周进步创始人　PPT 审美教练

前言

为什么写这本书

作为一款经常使用的办公软件，你是否会有这样的疑惑，为什么还需要学习 Word？

但同时，我们使用 Word 时也面临很多小烦恼：

比如，论文的序号只能一个个手动输入，排版全靠按空格和回车键，又或者文档格式需要逐个手动修改……

你以为你懂得的，其实是你不熟悉的。

这也是我们决定写这本书的原因。

在本书中，我们将会从零开始，一点点揭开 Word 的面纱。你会在阅读的过程中逐步意识到，之前那些重复性的工作，其实只要用对 Word，就都可以避免。

作为一本面向 Word 零基础学员的书，我们在书中不会提及过多专业名词，即使是对 Word 不够了解的"小白"也可以放心阅读。

本书讲了什么

本书第 1 章介绍 Word 的基本操作，包括界面功能、常用快捷键、日常办公习惯等。

第 2 章着重讲解使用 Word 时应该注意到的工作事项，尤其是如何批量修改文字内容。

从第 3 章开始，我们将会进入 Word 排版的世界。第 3 章主要介绍排版的注意要点、排版的四大原则；第 4 章主要介绍合同与论文的排版实战理论。

通过对上面内容的学习，你会发现，其实之前经常要逐个手动修改的内容，用好 Word 就能批量完成。

之后的几章内容，我们将回到日常工作本身，告诉你如何利用 Word 进行多人写作、如何保护文档，以及如何高效打印。

在最后一章，我们将基于前面的知识，尝试对 Word 进行更多进阶操作，你会在这里了解控件，以及批量制作桌签等更加综合的技能。

相信看完本书，你会发现，比起事无巨细地罗列知识点，本书能为你解决实际会遇到的问题，能够成为你案头工作的一本"新华字典"，能够让你在遇到问题时随时翻阅，查找相关知识。

作为一本教程类书籍，为了杜绝内容枯燥无味，我们会在整本书中，通过一个个实际场景来告诉你：在这种情况下，Word 究竟要怎么操作。

可以说，不论是已经工作的职场人，还是需要写论文的大学生，如果你迫切地需要解决问题，但又没有时间系统学习 Word，那么这本书里分享的知识，都非常值得你参考。

本书附赠资源

- 18 节视频课程；
- 100 多个简历模板；
- 160 多个 Word 封面模板。

以上资源，你可以通过关注微信公众号"一周进步"，在对话框中回复关键词"从零到一学 Word"，即可联系客服领取这份厚重的大礼包。

如果你看完书后对 Word 还有疑问，也欢迎在微信公众号"一周进步"中与我们进行更多沟通和交流。

最后，特别感谢在本书编写的过程中，对本书提供支持与帮助的嘉露、雪玲、珞珈、耀嘉、丽诗、丽泽等人。

由于时间仓促，书中难免有疏漏和不妥之处，恳请广大读者不吝批评与指正。

作者邮箱：denglize@oneweek.me。

作 者

目录

第1章

Word 这样用，才更省劲

1.1　Word 界面和功能

1.1.1　选项卡

"磨刀不误砍柴工"，熟练掌握 Word 界面和功能，是建立对 Word 清晰认知的第一步。

打开 Word 能看到组成界面的 4 个部分。自上而下分别是标题栏、选项卡和命令、文本编辑区域，以及状态栏，如图 1-1 所示。

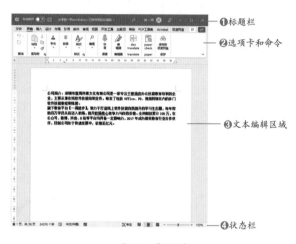

① 标题栏
② 选项卡和命令
③ 文本编辑区域
④ 状态栏

图 1-1　界面组成

如果不小心隐藏了命令功能区，有 3 种方法帮助你恢复它。

（1）在选项卡区域单击鼠标右键，在弹出的快捷菜单中取消勾选【折叠功能区】命令，即可展开命令功能区。

（2）在标题栏的右侧，单击【功能区显示选项】图标，即可选择【显示选项卡】或【显示选项卡和命令】命令，如图 1-2 所示。

（3）双击任意选项卡，即可恢复命令功能区。

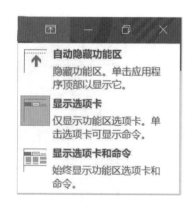

图 1-2　功能区显示选项

1.1.2　快速访问工具栏

工作中的常用功能隐藏太深，找起来很耗时间。其实只需要熟练使用【快速访问工具栏】，就能很好地节省时间。

在【快速访问工具栏】中还有一个【自定义快速访问工具栏】功能，可以极大地帮助我们提升工作效率。在【自定义快速访问工具栏】中，我们可以放入最常用的功能。

鼠标右键单击常用的功能，在弹出的快捷菜单中选择【添加到快速访问工具栏】命令。该功能就被放到【快速访问工具栏】中，如图 1-3 所示。

图 1-3　添加到快速访问工具栏

在需要使用选项卡和命令中的功能时，不仅可以用鼠标单击，还可以按下【Alt】键，然后根据提示，在键盘上按下相应的字母或数字，实现快捷键操作。

⭐ **小技巧**

如果想减少鼠标的移动距离，该怎么办呢？

可以在【自定义快速访问工具栏】上单击鼠标右键，在弹出的快捷菜单中选择【在功能区下方显示】命令，就可以将其固定到下方位置，如图 1-4 所示。

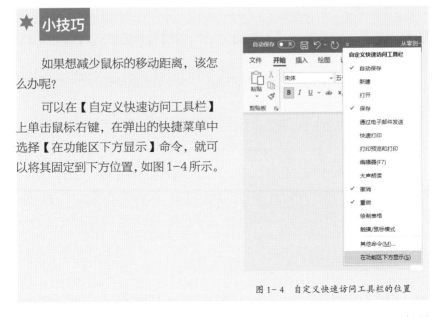

图 1-4　自定义快速访问工具栏的位置

1.1.3　状态栏

状态栏可以帮助我们了解文档的基本信息。下面分别介绍一下各个信息所代表的含义。

1. 文档信息

我们从状态栏的左边依次向右看，显示的页面信息分别为正在编辑的页码、文档总页数及文档中的字数，如图 1-5 所示。

| 第1页, 共1页 | 213 个字 | 中文(中国) | 专注 | | | | — + 100% |

图 1-5　状态栏

如果想知道关于文档更详细的信息，则可以用鼠标单击状态栏上的字数，弹出【字数统计】对话框，即可查看当前文档的字符数、段落数和行数等多种文档信息。

图标用于校对文档，负责检查内容的拼写和语法是否存在错误。

当图标上出现错号时，则说明文章中出现了编辑错误。此时单击图标，即可快速定位到出现编辑错误的地方。

"中文（中国）"即此刻正在使用的语言，用来检查语言间的切换是否已实现。

2. 页面视图

状态栏右侧显示 3 个图标，从左到右分别是"选取模式""打印布局"和"Web版式"。这 3 个图标分别对应【视图】选项卡中的【阅读视图】、【页面视图】和【Web 版式视图】命令。

"选取模式"仅提供阅读、"打印布局"即当前编辑页面，"Web 版式"是网页浏览时的页面样式。

有关页面视图的内容，我们也会在 1.3.3 节中详细介绍。

3. 显示比例

最右边是页面的"显示比例"，移动其轴上的滑块，可以"缩小 / 放大"页面。

另一种简便的操作方法是，先按住【Ctrl】键，然后滑动鼠标滚轮，就可以调节页面的显示比例。

小贴士

在调整页面的显示比例时，页面的实际大小不会改变，只是视觉大小发生了变化。

只有当滑块处于正中间的位置时，视觉页面大小才正好是文档实际大小。调整显示比例，不会影响打印效果。

1.2　常用 Word 快捷键

那些精通 Word 的高手为什么操作起来如此快速，而且看起来还毫不费力呢？其实就是他们会走捷径——灵活使用快捷键。

接下来，让我们一起了解一些实用的快捷键吧。

首先，以下 4 个为高频通用快捷键。

【Ctrl + C】：复制

【Ctrl + X】：剪切

【Ctrl + V】：粘贴

【Ctrl + S】：保存

接下来，介绍一些字体编辑、段落编辑、文档操作相关的快捷键。

1. 字体编辑快捷键（见表 1-1）

表 1-1

快捷键	简介
【Ctrl + B】	字体加粗
【Ctrl + U】	给字体添加下画线
【Ctrl + I】	使字体变为斜体
【Ctrl + D】	打开【字体】对话框以更改字符格式
【Ctrl + Shift + >】	增大字号
【Ctrl + Shift + <】	减小字号
【Shift + F3】	更改字母大小写
【Ctrl + Shift + A】	将所选字母变为大写
【Ctrl + Shift + K】	将所选字母变为小写

2. 段落编辑快捷键（见表 1-2）

表 1-2

快捷键	简介
【Ctrl + 0】	添加或删除行距
【Ctrl + 1】	单倍间距
【Ctrl + 2】	两倍间距
【Ctrl + 5】	1.5 倍间距
【Ctrl + E】	段落居中对齐
【Ctrl + L】	段落左对齐
【Ctrl + R】	段落右对齐
【Ctrl + J】	段落两端对齐
【Ctrl + M】	段落左侧缩进
【Ctrl + T】	创建悬挂缩进

3. 文档操作快捷键（见表 1-3）

表 1-3

快捷键	简介
【Ctrl + N】	新建文档
【Ctrl + O】	打开文档
【Ctrl + P】	打印文档
【Ctrl + W】	关闭文档
【Ctrl + Y】	重复上一个操作
【Ctrl + Z】	撤销上一个操作
【Ctrl + Q】	删除段落格式
【Ctrl + F】	查找文本、格式和特殊项
【Ctrl + G】	定位至页、书签、脚注、表格、批注图形或其他位置

　　以上是一些常用快捷键，切忌死记硬背，要相信熟能生巧，只要有意识地在 Word 编辑过程中练习使用，不久就会内化成自己的知识了。

1.3　高效办公小技巧

除了利用快捷键提高操作效率，Word 里还有一些简单且容易掌握的小技巧。与快捷键结合使用，慢慢建立起良好的办公习惯。这样，便能让你在处理工作时显得更加得心应手。

1.3.1　文档命名

很多时候，为了方便，有时会随意给文件命名，等到再次使用时，特别容易在一堆文档中"迷失"。

建议以【日期 + 文件名】的方式命名文件。在需要寻找文件时，在文件夹窗口空白处单击鼠标右键，在弹出的快捷菜单中选择【排列方式—修改日期】命令，就可以清晰地按日期选择自己需要的文件。

如果同一份文档经历过多次修改，但又要将不同的版本全部保存下来，则可以选择在文件名之后添加新日期，或版本类别。图 1-6 所示为文档命名前后的对比图。

图 1-6　文档命名前与文档命名后

这里建议选择按修改日期的方式进行命名，因为有时你并不知道需要修改多少个版本才能定下终稿。

1.3.2　科学保存

一直在打字，总是忘保存。下面介绍两个小技巧，快速保存文档。

1. 快速保存

（1）按下快捷键【Ctrl + S】，手动保存。

（2）单击【文件—选项】命令，在弹出的【Word 选项】对话框中单击【保存】标签，勾选【保存自动恢复信息时间间隔】复选框，并设置在 5 分钟或以下，让系统自动保存。

2. 文档找回内容

如果突然断电，文档又没有保存，该怎么办呢？

这时，可以在【Word 选项】对话框的【保存】标签中，更改【自动恢复文件位置】和【默认本地文件位置】，如图 1-7 所示。

图 1-7 【保存】标签界面

Word 会自动对预设时间间隔的文档进行保存，如果出现意外情况，也能快速找回 5~10 分钟前的自动保存文档，减少损失。

3. 保存为兼容格式

很多时候我们会遇到一个很奇怪的问题：为什么在自己的电脑中编辑好之后保存的文档，换一台电脑就打不开了呢？

这是因为不同电脑的 Word 版本不一样，不能够实现格式兼容。

其实，自 Microsoft Office 2007 版本开始，Word 的文件后缀已经从最初

的 .doc 更新为 .docx。

这便是用新的基于 XML 的压缩文件格式取代了之前专用的默认文件格式，会更加节约设备空间，而且更加安全。

当然，也直接带来了兼容问题。

Word 2003 版本不能够识别 .docx 格式的文件，而 Word 2007 及其以上的版本可以向下兼容 .doc 格式的文件。

所以，当文档需要在安装 Word 2003 版本的电脑中使用时，请毫不犹豫地把文档保存为 .doc 格式。如果不确定 Word 版本，也可以保存为 .doc 格式，更高的版本可以实现向下兼容，防患于未然。

下面介绍两种将 Word 文档保存为 .doc 格式的方法。

（1）用 Office 365 Word 编辑文档之后，按下【F12】键，可将文档快速另存为 .doc 格式。

（2）如果不记得快捷键，则可以单击【文件—另存为】命令，在【另存为】界面单击【更多选项】，弹出【另存为】对话框，在【保存类型】中选择适合的文档格式，如图 1-8 所示。

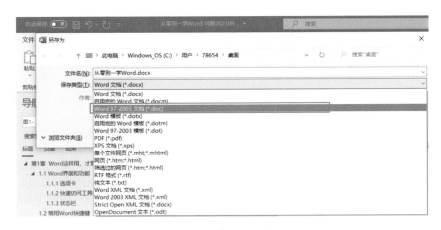

图 1-8　另存为 .doc 文档

4. 保存为 PDF 格式

PDF 具有保持文档原貌、跨平台传播等特点，该格式的文档越来越普及。

一般常见的 PDF 文档主要分为两类。

（1）由 Word 软件转存而成，可直接复制的文本型 PDF 文件。

（2）由扫描仪扫描纸质文件而生成的图片型 PDF。

将 Word 文档转存为 PDF 文档与将 Word 文档另存为 .doc 格式文档的方法类似，只需要在文档的【保存类型】中选择 .pdf 格式即可。

> ### 💡 小贴士
>
> Word 文档可以转存为 PDF 文档，那 PDF 可以转换为 Word 文档吗？
>
> 转换是可以的，但是 PDF 无法"完整"地还原 Word 文档的格式，转换效果差，有可能出现乱码，也有可能出现排版错位等情况。
>
> 其实，自 Office 2003 版本以来，Word 已经开始支持编辑 PDF 文档了。
>
> 选中 PDF 文档，单击鼠标右键，在弹出的快捷菜单中选择【打开方式—使用 Word 打开】命令。
>
> 在打开过程中，会弹出如图 1-9 所示的提示对话框，提示用户如果将 PDF 转换为可编辑的 Word 文档，则可能与原始 PDF 有所不同，且当原始文件包含大量图形时，文档容易失真。单击【确定】按钮即可。

图 1-9　提示对话框

1.3.3　合适视图

针对不同用户的排版需求，Word 提供了 5 种视图模式，可以直接单击页面右下角的视图模式图标，或在【视图】选项卡的【视图】组中进行切换，如图 1-10 所示。

每一种视图都会有相应的显示方式和功能，了解不同视图的作用能帮助我们更好地对文档进行编辑、排版。

1. 页面视图

打开软件后默认的页面，也是我们最常用的视图模式之一。

集合了 Word 所有的操作功能，可处理图片、文本框、页眉 / 页脚、多栏版面等特殊样式，在此页面上进行的编辑，能与文档的打印效果保持一致。

图 1-10　视图模式

2. 阅读视图

顾名思义，阅读视图是为了方便阅读浏览文档而设计的视图模式。

开启以后，就可以像 PPT 一样左右查阅文档了。单击左、右侧的三角形按钮，可前后翻页查阅文档。查阅完成后，按【Esc】键可退出模式。

页面视图与阅读视图的区别，如图 1-11 所示。

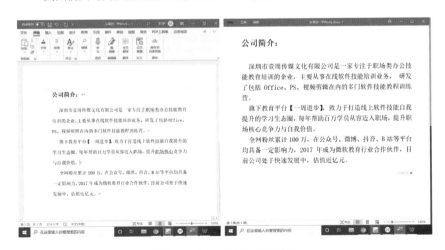

图 1-11　页面视图与阅读视图对比

3. 大纲视图

大纲视图方便对长文档进行查看，并在结构层面上进行调整，确定文档的整体结构。

我们可以在大纲工具中设置标题的大纲级别，移动文本段落，或直接输入并修改文档的各级标题。

4. 草稿视图

在草稿视图状态下，文档仅显示标题和正文，取消了页面边距、分栏、页眉／页脚、图片等元素，相当于 .txt 格式，是最节省计算机系统硬件资源的视图方式。

大纲视图与草稿视图的对比，如图 1-12 所示。

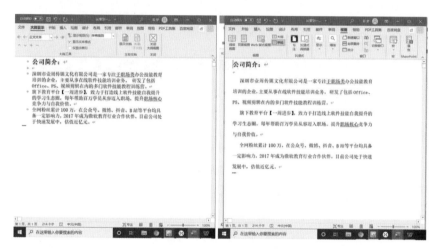

图 1- 12　大纲视图与草稿视图对比

5.Web 版式视图

Web 版式视图适用于发送电子邮件和创建网页，以网页的形式显示文档。

在日常工作中，如果文档中有超宽的表格或图形对象，且不方便选择、调整，则可以考虑在此视图中进行编辑。

1.3.4　复制粘贴

当我们需要从别处复制内容到自己的文档时，常常会因为格式的差异，产生很多不必要的麻烦。

其实，复制粘贴不仅仅是使用快捷键【Ctrl+ C】和【Ctrl+ V】这么简单。

粘贴前先单击鼠标右键，在弹出的快捷菜单中可以了解各类粘贴选项，如图 1-13 所示。

图 1-13　粘贴选项

1. 保留源格式

复制出来的效果，会和复制前的文本格式一模一样。

2. 合并格式

将复制的内容粘贴到目标位置后，会与目标位置的格式合并，但不会完全丢弃原有格式。

3. 图片

将复制的文本自动转换为图片。需要注意的是，此方式复制出来的内容是无法进行文本编辑的。

4. 只保留文本

完全去除原有的格式，只把文本内容复制到文档中。

我们平时复制粘贴只能保留 1 条记录，复制新的内容后，上一条记录就被清除了。想要进行批量复制怎么办呢？

那就用到了下一个功能，剪贴板。

5. 剪贴板

在【开始】选项卡下找到【剪贴板】组，单击右边的对话框启动器图标 ⌐，即可使用剪贴板，如图 1-14 所示。

剪贴板中会保留最近 24 条复制记录，并且不限制在 Word 里。打开任何 Office 软件，全平台上复制的内容都会被记录在剪贴板内，可以作为信息临时存放点。

1.3.5　帮助功能

使用 Word 时遇到的问题还是要找 Word 来解决。接下来介绍一下 Word 的帮助功能。

（1）遇到问题，随时按下快捷键【F1】，打开【帮助】面板以寻求解答，如图 1-15 所示。

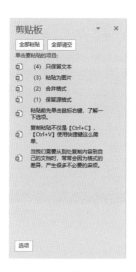

图 1-14　剪贴板　　　　　　　　　图 1-15　【帮助】面板

从搜索结果中，可以快速找到要使用的功能或是要执行的操作。Word 会提供多种类型的解答以帮助用户解决使用过程中出现的问题。

> 💡 **小贴士**　笔记本电脑要按下【Fn+F1】键。
>
> 如果笔记本电脑直接按下 F 系列快捷键没有反应，则可以按下【Fn】键加上 F 系列功能键再试一次。

（2）单击选项卡上方的搜索框，在其中输入自己的诉求，Word 会给出答案，如图 1-16 所示。

图 1-16　搜索框

 小贴士

搜索框是自 Office 2016 版本之后的新功能，在连接互联网状态下，可以查询使用 Word 过程中产生的问题，其智能查询内容十分丰富。

在 Office 2016 版本中，搜索框会变为【告诉我你想要做什么】，且位置也变更至选项卡最右侧，如图 1-17 所示。

图 1-17　【告诉我你想要做什么】

第 2 章

Word 入门，从文本开始

2.1　文本输入与编辑

Word 的核心功能是用来处理文本的，仅仅是选择文本方面，也有很多大家平时注意不到的小技巧。

本节将从文本的输入与编辑两个方面来介绍 Word 的文本编辑技巧。

2.1.1　文本的选择

1. 用鼠标选择文本

将鼠标光标放在页面左边缘，单击即可选中整行文本，双击可选中整段文本，三击选中整篇文档。

2. 用快捷键加鼠标搭配选择文本

（1）按住【Shift】键，单击开始和结束位置，即可进行连续选择。

（2）按住【Ctrl】键，按住鼠标左键选择文本，即可进行不连续选择。

（3）按住【Alt】键，可以不受行限制，在任意区域内进行自由选择（见图 2-1）。

公司简介

深圳市壹周传媒文化有限公司是一家专注于职场类办公技能教育培训的企业，主要从事在线软件技能培训业务，研发了包括 Office、PS、视频剪辑在内的多门软件技能教程训练营。旗下教育平台【一周进步】，致力于打造线上软件技能自我提升的学习生态圈，每年帮助百万名学员从容迈入职场，提升职场核心竞争力与自我价值。全网粉丝数累计 100 万，在公众号、微博、抖音、B 站等平台均具备一定影响力，2017 年成为微软教育行业合作伙伴，目前公司处于快速发展中，估值近亿元。

图 2-1　自由选择

2.1.2　文本的插入与改写

很多时候，在使用 Word 编辑文档的过程中，我们刚输入的文本覆盖了后面的文本，后面的文本突然消失了！

其实是【Insert】键在"搞鬼"。

正常输入过程中，一旦按下【Insert】键，Word 就会进入改写状态——自动覆盖后面的文本。

当然，解决的方法也很简单，就是再按一下【Insert】键。

我们平时的输入都是在【插入】状态下完成的，而【Insert】键就是【改写】/【插入】两种状态切换的按钮。

当前文档处于【插入】状态还是【改写】状态，我们可以在 Word 文档左下角的状态栏中看到，如图 2-2 所示。

中文(中国)　插入

图 2-2　插入状态

如果状态栏中没有显示【插入】状态，则在状态栏上单击鼠标右键，在弹出的快捷菜单中，选择【改写】命令，如图 2-3 所示。当选项前呈现打钩的小标识时，再看一眼状态栏，就会呈现当前所处的【插入】/【改写】状态。

自定义状态栏	
格式页的页码(F)	17
节(E)	16
✓ 页码(P)	第 17 页，共 84 页
垂直页位置(V)	16.6厘米
行号(B)	22
列(C)	32
✓ 字数统计(W)	29623 个字
字符计数(带空格)(H)	31929 个字符
✓ 拼写和语法检查(S)	错误
✓ 语言(L)	中文(中国)
✓ 签名(G)	关
信息管理策略(I)	关
权限(P)	关
修订(T)	打开
大写(K)	关
✓ 改写(O)	插入
选定模式(D)	
宏录制(M)	未录制
✓ 上传状态(U)	
✓ 此文档已更新。若要刷新文档，请单击"保存"。	
✓ 视图快捷方式(V)	
✓ 缩放滑块(Z)	
✓ 缩放(Z)	100%

图 2-3　自定义状态栏菜单

2.1.3　内容生产

使用 Word 的场景有很多，为了更加适应用户的办公需求，特殊符号、公式等元素都可以被应用到 Word 中。

1. 特殊符号

例如，输入特殊符号"◎"，很多人不知道如何输入。接下来我们介绍一个简单的方法。

（1）在【插入】选项卡的【符号】组中，单击【符号】命令，在下拉列表中会显示一些常用的特殊符号。

（2）如果没有找到想要的特殊符号，则单击下拉列表中的【其他符号】命令，在弹出的【符号】对话框中，选择目标符号，单击【插入】按钮，符号即会被插入到光标处。

2. 插入公式

为了满足经常做精密计算的用户，Word 还特意设计了插入公式命令，可以使你的文档更加专业。

（1）公式编辑器。

在【插入】选项卡的【符号】组中，单击【公式】命令，光标处会显示在此处键入公式。

这时，会出现【公式】选项卡，提供输入公式所需的符号和结构，选择并单击符号，该符号就会出现在光标区域，输入完成后，按下【Enter】键即可结束公式插入。

在【插入】选项卡【符号】组的【公式】下拉列表中，有内置的常用公式和【墨迹公式】命令，如图 2-4 所示。

（2）内置。

【内置】下是 Word 中预设的一些常用公式，单击相应公式，即可显示在光标处，实现公式的插入。

（3）墨迹公式。

使用【墨迹公式】命令可以在输入框中手写公式，Word 会自动识别，并将其转换为正式的系统字体，插入到光标处。

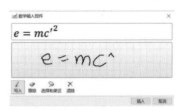

图 2-4　内置公式和【墨迹公式】

3. 域代码

我们还可以通过使用域代码，来实现快速录入数学公式。

（1）分式的输入。

①以输入分式"3/5"为例，按下快捷键【Ctrl + F9】，会在鼠标光标处产生一个空域，即一对花括号 {}。

②将鼠标光标定位于大括号内，输入"eq \f(3,5)"，单击鼠标右键，在弹出的快捷菜单中单击【切换域代码】命令，就可以得到标准的分式"3/5"了。

$$\{eq\ \backslash f(3,5)\} \rightarrow \frac{3}{5}$$

$$\{eq\ \backslash f(12345,678)\} \rightarrow \frac{12345}{678}$$

这里我们要注意，域代码必须在英文半角状态下输入，且 eq 与 \ 之间要用空格隔开。

此外，花括号不能手动输入，必须用快捷键来完成。

（2）带根号的分式。

①以输入 3 次根号 2 为例，按下快捷键【Ctrl+F9】，在花括号内输入域代码"eq \r(3，2)"。

②选中代码中的数字"3"，将其字号调小，单击鼠标右键，在弹出的快捷菜单中选择【切换域代码】命令，即可得到数字形式的 3 次根号 2 了。如果只想输入根号 2，则可以将 3 删掉，下面列举几种常见形式。

$$\{eq \ \backslash r(2)\} \rightarrow \sqrt{2}$$

$$\{eq \ \backslash r(3,5)\} \rightarrow \sqrt[3]{5}$$

$$\{eq \ \backslash f(3,5)\} \rightarrow \frac{\sqrt[3]{5}}{5}$$

（3）向量符号。

重复此前操作，按下快捷键【Ctrl + F9】，在花括号内输入域代码"eq\o(\s\up5(→),a)"。

其中，"up5(→)"起到将箭头提升 5 磅的作用，以便最终呈现出向量的形式。

$$\{ \ eq\backslash o(\backslash s\backslash up5(\rightarrow),5),a \ \} \rightarrow \vec{a}$$

（4）文本框创建链接。

提前设定好了文本框大小，插入文本时却发现文本框太小装不下所有文本，这该怎么办呢？

可以通过创建文本框链接来解决。

首先准备好需要链接的文本框，注意，需要链接的文本框必须是空白的。下面介绍两种操作方法。

方法一：

选中已放入大段文本的文本框，单击鼠标右键，在弹出的快捷菜单中选择【创建文本框链接】命令。

此时，鼠标光标会变成"茶壶"状，接下来单击空白文本框，文本框会自动调节大小，使整段文本被完整地呈现。

方法二：

选中已放入大段文本的文本框，在【格式】选项卡的【文本】组中单击【创建链接】命令，鼠标光标变成"茶壶"状。

再次单击空白文本框，新的文本框和整段文本就会完整地呈现了。

用好这两种方法，再也不担心因文本框太小而装不下所有文本了，如图 2-5 所示。

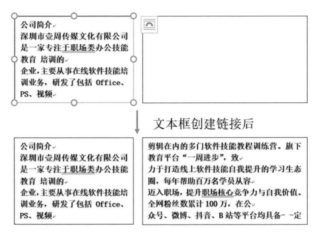

图 2-5　文本框与文本框链接对比图

2.2　文本格式

Word 中最常用的功能就是输入文本及编辑文档，所以熟悉与文本相关的操作命令十分重要。只有掌握了基础操作，使用起来才能更加得心应手。

2.2.1　普通设置

文本格式设置最常见的操作是字体、字号及文本颜色的设置。

1. 字体及字号的设置

在【开始】选项卡的【字体】组中提供了一些常用命令，选中想要修改的文本，单击功能区中的相应命令，即可修改目标文本的格式。

在字体和字号的列表框中，单击右侧的小三角形，在下拉列表中选择想要设置的字体和大小，即可对选中的文本变换其字体类型和大小。

2. 字体的安装

Office 365 Word 软件默认使用的字体是等线（老版本中默认的字体是宋体）。

　　电脑还会内置很多种字体以方便用户进行选择。随着字体的增加，需求也在不断增长。很多用户会选择在网页上下载一些新颖的字体以满足不同场景的需要。

小贴士

　　从网站上下载的字体解压后，呈现如图 2-6 所示的字体文件样式，可以直接选中下载的字体，将其剪切到电脑的字体文件夹中。

图 2-6　字体文件样式

　　怎么找到电脑中的字体文件夹呢？

　　下面以 Windows 10 系统为例。

　　（1）打开【我的电脑】，在本地磁盘（C）的【Windows】文件夹下找到【Fonts】文件夹，即为字体文件夹，如图 2-7 所示。

　　（2）单击电脑桌面的开始菜单，找到并单击【设置】命令，打开【设置】界面，在其中找到【个性化】选项，然后单击【字体】选项，同样可以打开字体文件夹，如图 2-8 所示。

　　如果将下载后的字体剪切到预设的字体文件夹中，打开 Word 后并不能找到新下载的字体，则可以关闭 Word 软件，再重新打开，新下载的字体就会在其中了。

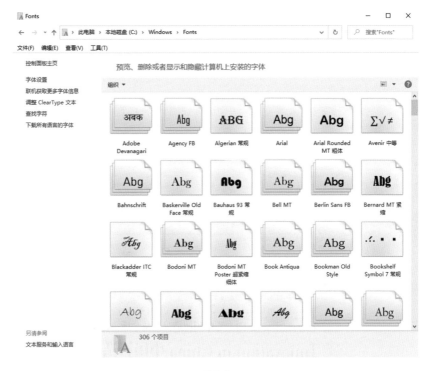

图 2-7

图 2-8

3. 有关字号

在通过【字号】下拉列表设置字号时，我们会发现，下拉列表中的字号，最大只支持到 72。如果想要设置更大的字号，我们可以直接在文本框中输入数字，以将文本调整为自己想要的字号大小。

同时，字号选框中有两种不同单位的大小显示格式。

（1）以"号"为度量单位，如：初号、小初、一号，小一……

（2）以国际上通用的"磅"为度量单位（28.35 磅等于 1 厘米）。

常见的字号与磅数对应表如表 2-1 所示。

表 2-1　常见的字号与磅数对应表

字号	磅数	字号	磅数
初号	42	三号	16
小初	36	小三	15
一号	36	四号	14
小一	24	小四	12
号	22	五号	10.5
小二	18	小五	9

小贴士

在 Word 文档中，使用的文本字号一般不小于五号字。

4. 文本颜色设置

改变文本颜色是为了适应不同的场景需要，也能够有效地突出重点。

在【开始】选项卡的【字体】组中，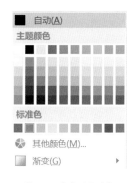图标是用于更改字体颜色的命令。

单击其右侧小三角形，弹出颜色下拉列表，其中有几种模式：自动、主题颜色、标准色、其他颜色、渐变，如图 2-9 所示。

自动：选择【自动】之后，文本颜色会根据页面颜色的改变而进行相应的变化。如果页面是白色的，

图 2-9　颜色下拉列表

那么文本颜色会自动变为黑色，页面变为黑色，文本颜色也会自动变更为白色。

主题颜色：主体颜色是在【设计】选项卡中进行的一组颜色搭配。如果颜色

设置为主题颜色中的一种，那么在【设计】选项卡中更改主体或颜色搭配时，文本颜色会随之改变。

标准色：为文本设置了标准色之后，无论如何改变文档使用的颜色搭配，文本的颜色都不会发生改变。

其他颜色：这个选项用于自定义颜色。单击该选项，会弹出【颜色】对话框，其中内置了一些标准颜色。当然也可以选择【自定义】标签，在 RGB 或是 HSL 颜色模式下，输入颜色值即可，如图 2-10 所示。

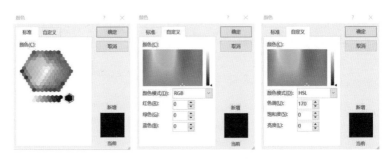

图 2-10　自定义颜色

5. 其他文本格式设置

除了以上基本的文本格式设置，在【开始】选项卡的【字体】组中还有很多关于文本格式设置的功能，下面简单介绍一下。

（1）加粗字体。

更改文本的粗细是突出文档重点的一种重要手段。

加粗字体的命令是 **B** 图标，B 代表的是英文 Bold（中文含义是粗 / 黑体），快捷键为【Ctrl + B】，如图 2-11 所示。

（2）倾斜字体。

倾斜功能是将文本由默认的正体更改为斜体格式。

倾斜字体的命令是 *I* 图标，I 代表的是英文 Incline（中文含义是使倾斜），快捷键为【Ctrl + I】，如图 2-12 所示。

图 2-11　加粗字体　　　　　图 2-12　倾斜字体

（3）下画线。

下画线也能够起到突出文本的作用。

下画线命令是 **U** 图标，即在文本下方加一条下画线。U 代表的是英文 Underline （中文含义是下画线），快捷键为【Ctrl + U】，如图 2-13 所示。

（4）删除线。

删除线更主要的还是表示此处文本 / 内容被删除。删除线命令是 abc 图标，即在文本中部画一条横线，如图 2-14 所示。

图 2-13　下画线　　　　　　　　　图 2-14　删除线

以上命令的快捷键都在 1.2 节中有过介绍。

如果需要对文本进行更多的修改操作，则可以在【开始】选项卡的【字体】组中，单击右下角的对话框启动器图标 ⌐ 。

在弹出的【字体】对话框中，根据提示对文本进行设置，对话框中的操作命令也会更加清晰明了，如图 2-15 所示。

图 2-15　【字体】对话框（注：软件图中"下划线"的正确写法应为"下画线"）

2.2.2 特殊设置

因为语言的特殊性，语言的使用都会有各自独特的要求，譬如中文会需要标明生僻字的拼音，英文需要注意大小写的问题。

本节内容将会针对这两个问题进行回答。

1. 拼音指南

如果在文档中遇到生僻字，Word 自带的拼音指南可以帮助我们为文本注音。

如果文档中使用了生僻字，想让浏览文档的人也认识生僻字，不妨用 Word 为生僻字注个音吧！例如：

shān bēn
羴 犇

选择需要添加拼音的中文，在【开始】选项卡的【字体】组中，单击图标（拼音指南），弹出【拼音指南】对话框。

读者可以在其中设置拼音的对齐方式、字号、字体等，如图 2-16 所示。

图 2-16 【拼音指南】对话框

2. 更改大小写

在英文文档中，一般都需要进行大小写的切换，但是频繁切换【Caps Lock】键会影响录入文本的效率。

所以，在录入完毕后，统一使用 Word 的更改大小写功能，会极大地减少操作，节约时间。

选择需要更改大小写的英文，在【字体】组中，单击 **Aa▾** 图标（更改大小写）旁边的小三角形，在弹出的下拉列表中，选择并单击需要的命令，选中的英文就会实现目标的大小写切换了，如图 2-17 所示。

图 2-17　英文大小写切换

更改大小写还有在中文输入场景的应用——半角 / 全角的切换。

中文文档中偶尔会出现输入的数字或英文字母间距十分大的问题，如"从 0 到 1 学 W o r d"，这种情况就是全半角状态错乱导致的。

造成这一现象的原因在于，英文与阿拉伯数字都是半角字符，在全角模式下就会出现字母或数字间距增大的情况。

此时，选中异常的字母或数字，使用更改大小写功能，切换回半角状态即可。

例如，切换回半角状态的"从 0 到 1 学 Word"。

2.2.3　样式设计

以上的设置更多地适用于局部的格式修改，以适应不同诉求。

如果想要更加便利地对文档格式进行统一的设置，那就应该在输入文本之前，先创建或修改后面可能会用到的样式。

由此就可以免去设置文本、图片、表格等元素格式的烦恼，在录入完毕后，一并进行样式的应用。

1. 文本样式

文本样式同时包含了字体、段落、编号、边框、底纹等不同格式，帮助用户实现自动化排版。

该文本样式位于【开始】选项卡的【样式】组中，与文本格式命令在同一选项卡，十分好找，使用便利，如图 2-18 所示。

图 2-18　【样式】组

在任意样式上右击，在弹出的快捷菜单中，单击【修改】命令，即可打开【属性】对话框，如图 2-19 所示。

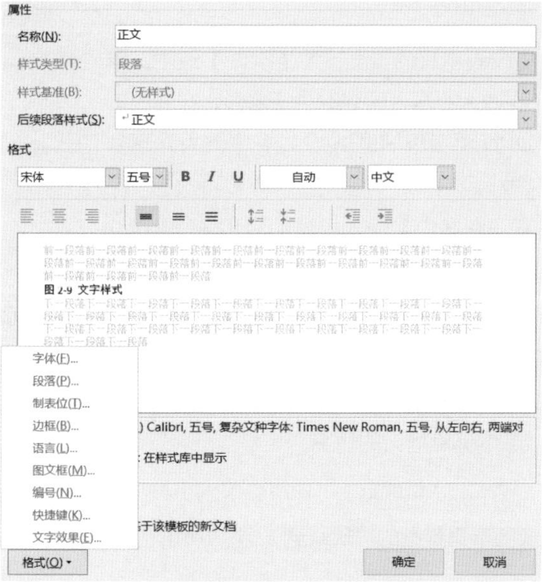

图 2-19　【属性】对话框

2. 应用样式

完成内容的录入之后，就可以为录入的文本应用预设文本样式了。

操作十分简单，只需要选中目标文本（文本的选择见 2.1.1 节），然后在【开始】选项卡的【样式】组中选择相应的样式即可快速应用。

使用样式可以为文档进行分级，一般来说，长文档的段落与使用的样式对应关系如图 2-20 所示。

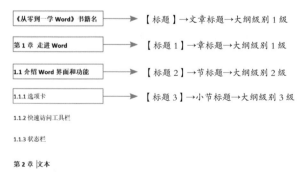

图 2-20　文本样式分级示例

2.3　文本查找与替换

有时我们需要在文档中查找资料，逐字逐句地找太浪费时间。如果在编辑文档的过程中犯了大量相同的错误，逐一修改太耗费精力了。

此时，Word 中有一个神奇的功能可以派上用场——查找 / 替换功能。

2.3.1　查找 / 替换功能

1. 查找功能

在【开始】选项卡的【编辑】组中，单击【查找】命令，会在页面左侧弹出【导航】面板，如图 2-21 所示。

图 2-21　导航

在【导航】面板中，有【标题】、【页面】和【结果】3 个选项。

【标题】是文档目录，单击文档中的标题，即可跳转到该处。

【页面】是当前文档的缩略图，单击页面，就会跳转到目标页面。

【结果】是使用文档的查找功能后，显示查找功能的区域。

在【导航】下的文本框中输入关键词，Word 会自动检索，即刻定位，查找到的内容会在文档区域被标亮显示。

同时，【结果】中也会显示查找结果，单击即可定位到该处。

2. 替换功能

重复上述操作，在【开始】选项卡的【编辑】组中，单击【替换】命令，弹出【查找和替换】对话框，如图 2-22 所示。

图 2-22　【查找和替换】对话框

在【查找内容】文本框和【替换为】文本框中分别输入要查找的内容和替换内容，最后单击【全部替换】按钮，Word 会自动检索，并实现全文替换。

小贴士

此处的替换不限于文本，全角半角、标点符号等都可以替换。

2.3.2　快速定位

在文档中定位时，你还在不断地滑动鼠标滑轮或单击文档右侧的滑条吗？

这样的操作不仅麻烦，而且还会由于页面滑动太快而不小心错过目标位置，效率很低。

接下来介绍几种快速定位的方法帮助你解决定位问题。

1. 键盘流

按下快捷键【Ctrl + Home/End】，快速定位到文首 / 文末。

按下快捷键【Page Up/Down】，快速切换到上一页 / 下一页。

2. 导航定位

在【视图】选项卡的【显示】组中，勾选【导航窗格】复选框，在 Word 界面左侧会出现【导航】面板，单击即可直接跳转。

如果记得内容，在【导航】面板的搜索文本框中输入关键词，按下【Enter】键或单击【搜索】图标，也会快速定位到关键词位置，如图 2-23 所示。

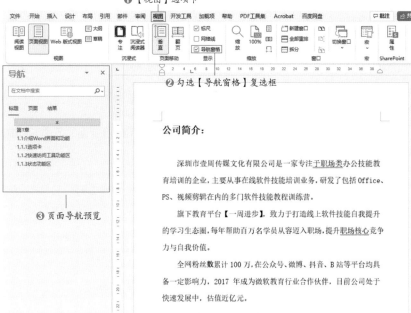

图 2-23　页面导航预览

3. 查找定位

在需要十分精准定位的情况下，可以按下快捷键【Ctrl + G】，会弹出【查找和替换】对话框，如图 2-24 所示。

单击【定位】标签，在【定位目标】下方的列表框中，可以选择定位到页、节、行及书签等选项，然后在右边的文本框中输入页号等参数，最后单击【定位】按钮进行跳转，实现精准定位。

图 2-24 【查找和替换】对话框

2.3.3 批量操作

虽然很多工作难免重复，但是在有选择的情况下，没有人会喜欢重复而枯燥的工作。为了避免重复而无用的操作，Word 也为我们提供了批量操作功能，一起来看一下吧！

1. 替换特定字体、颜色

替换文本功能 2.3.1 节中有过介绍，此处不再赘述。

关于重复替换字体的操作，可以在【查找和替换】对话框的【替换】标签下，找到并单击【更多】按钮，该对话框会展开新的命令。

然后，在更新的对话框左下角处，单击【格式】按钮，在弹出的多种选项中，选择【字体】命令，如图 2-25 所示。

图 2-25 【查找和替换】对话框

在弹出的【查找字体】对话框中可以修改字体格式及颜色，不要忘记单击【确定】按钮。

最后，在【查找和替换】对话框中，单击【全部替换】按钮，文档即可根据以上设置，批量替换 / 更改目标字体的格式。

2. 删除空格

很多时候，我们复制的一段文本中会包含很多空格，一个一个删除很让人头疼。这种时候不要忘记，Word 是支持一键删除空格的。

很多个空格在一起其实就构成了空白区域，即空白区域 =n 个空格。所以，我们可以使用删除空白区域的方法来删除空格。

单击【开始】选项卡中的【替换】命令，在弹出的【查找和替换】对话框中，单击【更多】按钮，然后在更新的对话框中，单击【特殊格式】按钮。

在弹出的列表中选择【空白区域】命令，我们可以观察到，在【查找内容】文本框中会自动填充为 "^w"。

最后，在【替换为】文本框中选择留白，即不输入任何内容，单击【全部替换】按钮，即可实现空白区域的一键删除，如图 2-26 所示。

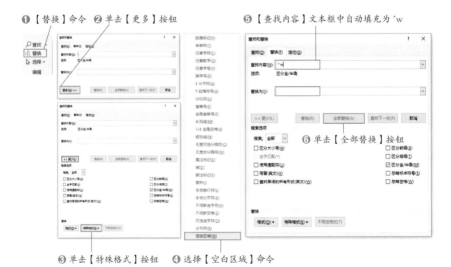

图 2-26　删除空格操作过程

经过上述一系列操作，删除了一些空格，但是细心的读者会发现，并不是所有的空格都被删除了！

这是怎么回事呢？

其实，这又要归根于全角和半角的区别了。

上述方法适用于清除 n 个半角空格。

如果要去除全角空格，这里还有一个方法：复制文档中的一个全角空格，然后重复上述操作，单击【替换】命令，在【查找内容】文本框中粘贴刚刚复制的全角空格。在【替换】文本框中进行留白，即不输入任何内容，最后单击【全部替换】按钮。

此时，无论是全角空格还是半角空格，都被删除了。

3. 宏

当不需要替换全部内容时，可以使用格式刷功能来操作。当然，还有比格式刷更简单的操作——宏。

（1）在【视图】选项卡的【宏】组中，单击【宏】按钮，在弹出的下拉列表中选择【录制宏】命令，如图 2-27 所示。

（2）在弹出【录制宏】对话框中设置宏的名称、宏的保存位置（如果只需要在当前文档中使用，则保存在此文档中即可）。

图 2-27　宏的下拉列表

（3）单击【键盘】按钮，弹出【自定义键盘】对话框，在【请按新快捷键】文本框中输入宏的快捷键，单击【指定】按钮，最后单击【关闭】按钮，关闭对话框。

（4）此时，鼠标光标变成了另一种形状，即进入了宏的录制状态。进行批量更改的操作，完成之后单击【宏—停止录制】命令。

（5）选中需要更改的字符，按下预设的快捷键就能运行录制好的宏，字符就会得到更改。

操作视频请扫描下方二维码观看。

第3章

Word 文档想好看，从页面设置开始

3.1　段落格式

文档因为规范或美观的需要，经常做排版。段落作为文档中十分重要的组成部分，其设置方式必须要熟悉。

当然，为了更好地排版，Word 也提供了多种段落格式的设置选项，让我们来一起学习一下吧。

3.1.1　对齐

排版的四大原则是：对齐、重复、对比、亲密度。

对齐被放到了第一位，可见其重要性。对齐的文本给人以舒适的观感，所以在排版中一定要注意这简单但却十分重要的操作。

有对齐意识很重要，但是更重要的是，要把握住一条准则：主画面只选择一种对齐方式。

接下来我们学习一下如何进行对齐操作。

将鼠标光标定位在目标段落中，或者选中目标段落。如果忘记段落选择的操作，可以查看 2.1.1 节。

1. 段落对齐功能

在【开始】选项卡的【段落】组中，▆▆▆▆▆ ▆ 即对齐按钮，从左向右看，分别是【左对齐】、【居中对齐】、【右对齐】、【两端对齐】和【分散对齐】命令。相关快捷键参见 1.2 节。

> 💡 **小贴士**
>
> 【分散对齐】是在左右边距间均匀分布文本，使文档看起来更加干净整洁。

2. 在【段落】对话框中统改

单击【开始】选项卡【段落】组中右下角的对话框启动器图标▫。

在弹出的【段落】对话框中，选择相应的对齐方式，修改选中的段落格式，如图 3-1 所示。

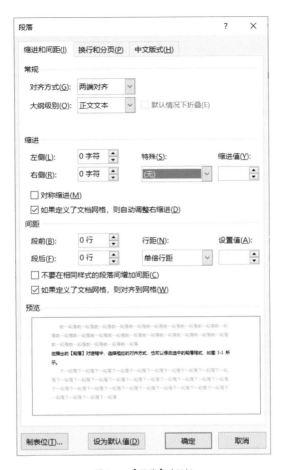

图 3-1　【段落】对话框

💡 **小贴士**

其他方法。

方法一：选中全文（快捷键【Ctrl + A】），拖动文档顶部的标尺，对文档进行对齐设置。

方法二：通过设置"制表位"。

单击【开始】选项卡【段落】组中右下角的对话框启动器图标⌐，在弹出的【段落】对话框中，单击【制表位】按钮。弹出【制表位】对话框，然后直接输入距离值，也可以对文档进行设置。

有关"制表位"的介绍，请参见 4.1.2 节。

3.1.2　段落缩进

舒适的排版并不是左右平铺对齐，而是要在段与段、句与句之间有明确的区分，让人一目了然。

因此，缩进功能在排版中的作用十分重要。

1. 首行缩进和悬挂缩进

在【开始】选项卡的【段落】组中，单击右下角的对话框启动器图标 ，弹出【段落】对话框。

在其中，找到【缩进】功能区，在【特殊】下拉列表中，选择【首行缩进】或【悬挂缩进】命令，并在【缩进值】文本框中输入缩进字符参数，即可对段落的缩进格式进行修改。

2. 左右缩进

重复上述操作，在【间距】下找到【段前】和【段后】命令，即可对段落进行左右缩进设置。

再单击调整大小的按钮，调整其右侧的行数参数，最后单击【确定】按钮。

小贴士

对段落执行的所有操作，都可以在【段落】对话框中的【预览】区域中看到，方便预览调整后的效果，以进行下一步的修改。

3.1.3　首字下沉

首字下沉可以使文档的段落显得突出，因此多用于文档首段或章节开始的第一段。在报纸文章的排版中，首字下沉这一功能被广泛应用。

首字下沉分为以下两种模式。

1. 首字下沉

设置段落第一行的第一个字符变大，并且向下一定的距离，段落的其他部分保持原样，如下所示。

深 圳市壹周传媒文化有限公司是一家专注于职场类办公技能教育培
训的企业，主要从事在线软件技能培训业务，研发了包括 Office、
PS、视频剪辑在内的多门软件技能教程训练营。旗下教育平台"一
周进步"，致力于打造线上软件技能自我提升的学习生态圈，每年帮助百万
名学员从容迈入职场，提升职场核心竞争力与自我价值。全网粉丝数累计
100 万人，在公众号、微博、抖音、B 站等平台均具备一定影响力，2017 年
成为微软教育行业合作伙伴。目前公司处于快速发展中，估值近亿元。

设置方法：

将鼠标光标移至需要进行首字下沉的段落，单击【插入】
选项卡【文本】组中的【首字下沉】命令，在弹出的下拉
列表中选择【下沉】命令，该段落就会产生以上段落中的
首字下沉效果了，如图 3-2 所示。

2. 首字悬挂

图 3-2　下沉设置

设置段落中第一行的第一个字符变大，使其悬挂在段落之外，以凸显段落或
整篇文档的开始位置，如下所示。

深 圳市壹周传媒文化有限公司是一家专注于职场类办公技能教育培训的
企业，主要从事在线软件技能培训业务，研发了包括 Office、PS、视频
剪辑在内的多门软件技能教程训练营。旗下教育平台"一周进步"，致
力于打造线上软件技能自我提升的学习生态圈，每年帮助百万名学员
从容迈入职场，提升职场核心竞争力与自我价值。全网粉丝数累计 100
万人，在公众号、微博、抖音、B 站等平台均具备一定影响力，2017
年成为微软教育行业合作伙伴，目前公司处于快速发展中，估值近
亿元。

设置方法与首字下沉的设置方法相同，只需在【首字
下沉】的下拉列表中，选择【悬挂】命令，该段落就会设
置为以上段落中的首字悬挂效果，如图 3-3 所示。

图 3-3　悬挂设置

💡 小贴士

关于下沉行数或与正文的距离，可以在选项中进一步
设置。

3.1.4　间距

间距用来调整段与段之间的距离，同样起到分隔作用，适宜的间距使页面看起来更舒适。

1. 间距调整功能

在【开始】选项卡的【段落】组中，可以看到对齐按钮旁边的 命令，即【行和段落间距】命令。单击其右侧的小三角形，在弹出的下拉列表中，选择适宜的行距。当然，还可以增加段落前后的空格数，如图 3-4 所示。

2. 在【段落】对话框中修改

同样，也可以在【开始】选项卡的【段落】组中，单击右下角的对话框启动器图标 ，在弹出的【段落】对话框中，找到【间距】功能区，根据标识调整间距参数，段落间距也会得到修改。

图 3-4　间距调整下拉列表

3.2　段落排版

排版的要求总是多样的，这时如果能灵活使用分栏排版，就能够对文档进行有效布局。

3.2.1　分栏功能

借助 Word 的分页操作，可以对文档内容进行结构划分，使文档内容更加清晰明了。

在【布局】选项卡中，单击【分隔符】命令，在弹出的下拉列表中，可以看到分页符、分栏符、分节符等命令。

1. 分页符

在录入文档时，当内容填满一页后，Word 会自动将鼠标光标跳转到下一页。

但是，当文档内容不满一页但又想另起一页录入时，一直按【Enter】键其实是错误的操作。因为，当我们修改前文的排版时，后面的排版也会跟着乱掉，不能起到分隔页面的作用。

那应该怎么处理分页问题呢？使用【分页符】命令来解决。

首先，将鼠标光标置于需要进行分页的位置。

然后，在【布局】选项卡中，单击【分隔符】命令，在弹出的下拉列表中，选择【分页符】命令，Word 就会直接在该处对文档进行分页，即鼠标光标会直接出现在下一页开头，如图 3-5 所示。

图 3-5　分页符

还可以直接按下快捷键【Ctrl+Enter】，来一键实现分页效果。

2. 分栏符

如果文档内容强调层次感，则可以设置一些重要的段落"从新的一栏开始"，这种排版方法可以通过在文档中插入分栏符来实现。

一般情况下，不需要我们手动添加分栏符。

选中需要分栏的内容，在【布局】选项卡的【页面设置】组中，单击【栏】命令，在下拉列表中，根据实际需求选择分栏的数量及分栏格式。在设置好分栏之后，Word 就会自动为目标文本添加分栏符，如图 3-6 所示。

图 3-6　【栏】下拉列表

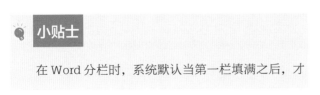

在 Word 分栏时，系统默认当第一栏填满之后，才

会将段落内容排到第二栏、第三栏。

如果当前的文本较少，就会出现两侧内容的高不相等，或页面右侧出现大范围空白的情况。

所以，要注意，选择文本时不要选中最后的段落标记↵，再进行分栏操作，即可对内容等高分栏了。

3. 分节符

为了更便捷地对文档设置不同的页眉页脚、纸张方向、限制编辑区域等，我们可以将文档分割成任意数量的节，然后根据需要给每节分别设置不同的格式。

对新建的文档，Word 将整篇文档视为一节。在需要改变行号、分栏数或页眉页脚、页边距等页面元素时，需要创建新的节。

在【布局】选项卡中，单击【分隔符】命令，在下拉列表中选择适合的分节符，如图 3-7 所示。

图 3-7 【分隔符】下拉列表

（1）分节符：下一页。

功能：插入分节符，在下一页开始新节。

效果：鼠标光标当前位置后的全部内容将移到下一个页面上。

（2）分节符：连续。

功能：插入分节符，在同一页开始新节。

效果：在插入点位置添加一个分节符，新节从当前页开始。

（3）分节符：奇数页。

功能：鼠标光标当前位置后的内容将转至下一个奇数页上。

效果：自动在奇数页之间空出一页，插入分节符，在下一个奇数页开始新节。

（4）分节符：偶数页。

功能：鼠标光标当前位置后的内容将转至下一个偶数页上。

效果：自动在偶数页之间空出一页，插入分节符，在下一个偶数页开始新节。

3.2.2　单双栏混排

Word 可以全文做到一栏或多栏排版，当然也可以做到一栏或多栏的文本混合排版，使文档更加美观而有新意。

图 3-8 所示是单双栏混排（偏左分栏）加分隔线的案例展示。

公司简介
深圳市壹周传媒文化有限公司是一家专注于职场类办公技能教育培训的企业，主要从事在线软件技能培训业务，
研发了包括 Office、PS、　｜　技能教程训练营。旗下教育平台【一周进步】，致力于打
视频剪辑在内的多门软件　｜　造线上软件技能自我提升的学习生态圈。
每年帮助百万名学员从容迈入职场，提升职场核心竞争力与自我价值。全网粉丝数累计
100 万，在公众号、微博、抖音、B 站等平台均具备一定影响力，2017 年成为微软教育行业
合作伙伴，目前公司处于快速发展中，估值近亿元。

图 3-8　案例展示

想要做出上述分栏效果，首先选中想要变为多栏的文本。

然后，单击【布局】选项卡中的【栏】命令，在其下拉列表中选择【更多栏】命令，弹出【栏】对话框，如图 3-9 所示。

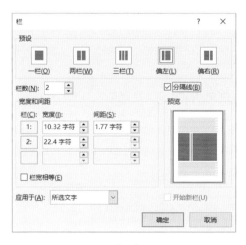

图 3-9　【栏】对话框

在【预设】功能区中，选择【两栏】或【偏左】/【偏右】格式，也可以在下方的【栏数】文本框中输入参数，自行调整栏数。

为了更加清晰地体现分隔，可以在栏数的右侧勾选【分隔线】复选框，即可为文本添加分隔线。

小贴士

在【应用于】选项中，一定要选择【所选文字】，否则整篇文章都会被分栏。

3.2.3 手动换行符 & 段落标记

每天都在用 Word，你真的知道这两个标记的区别吗？如图 3-10 所示。

图 3-10 手动换行符 & 段落标记

虽然这两个标记很不起眼，不容易被注意到，但是它们两个标记之间的区别还是很大的，我们一起来认识一下吧！

1. 软回车

图 3-10 中上方的向下灰色箭头是软回车，也叫作手动换行符。快捷键为【Shift+Enter】，其作用是使当前文本强制换行，但是不分段。

2. 硬回车

图 3-10 中下方的转折灰色箭头是硬回车，叫作段落标记。快捷键为【Enter】，其作用是使当前文本强制换行且分段，段落标记的个数决定文档的段落数，如图 3-11 所示。

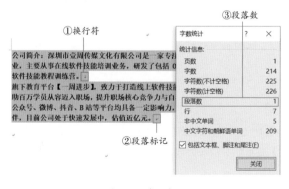

图 3-11 案例展示

图 3-11 中共有 7 行文本，第 3 行末有一个换行符，最后一行末有一个段落标记，所以在【字数统计】对话框中显示只有一个段落。

小贴士

用户输入内容时，只有按下【Enter】键产生新的段落标记后，Word 才认为是上一段结束，并开启下一段内容。

所以，此处尽管看上去有两个段落，但统计时，只有一个段落。

3.3　页眉 / 页脚

3.3.1　插入页眉 / 页脚

当我们使用 Word 来编辑文档时，有时需要在文档中设置页眉和页脚，以便让文档看起来更加规范，其操作其实也很简单，耐心看下去吧。

1. 插入页眉 / 页脚

首先，在【插入】选项卡的【页眉和页脚】组中，单击【页眉】命令，在弹出的下拉列表中选择相应的样式，如图 3-12 所示。

然后，在文本框中输入想要输入的文本，单击【页眉和页脚】选项卡中的【关闭页眉和页脚】命令。

插入页脚也是同样的操作方法，不再赘述。

图 3-12　【页眉】下拉列表

2. 设置页眉 / 页脚边距

在【页眉和页脚】选项卡的【位置】组中，直接设置想要的页眉 / 页脚边距参数，即可实现页眉 / 页脚边距的调整，如图 3-13 所示。

图 3-13 　【位置】组

3.3.2　单独设置页眉 / 页脚

在 Word 文档中插入页眉 / 页脚的操作大家应该都会了，那么如何在首页或奇数页、偶数页中分别插入不同的页码呢？

其实方法也很简单。

首先双击页面上的页眉或页脚处，Word 自动转至页眉 / 页脚的设置界面，此时就可以进行页眉 / 页脚的设置了。

在【页眉和页脚】选项卡的【选项】组中，勾选【奇偶页不同】复选框。Word 文档的页眉 / 页脚处就会出现"奇数页页眉 / 页脚"和"偶数页页眉 / 页脚"字样，即提示可以将奇偶页分开设置了。

此时，可以分别在奇数页和偶数页的页眉 / 页脚处输入不同的内容。

输入完成后按下【Enter】键，或者单击【关闭页眉和页脚】命令，可以看到不同内容的奇数和偶数页面，如图 3-14 所示。

图 3-14 　页眉内容不同的奇数和偶数页面

图 3-14　页眉内容不同的奇数和偶数页面（续）

💡 **小贴士**

在设置页眉 / 页脚时，要注意设置要求，不要在设置过程中出现页眉 / 页脚颠倒，或者奇偶页设置颠倒等情况。

同样，奇偶页不同的页眉 / 页脚设置是针对多页的文档，单页文档不存在奇偶页。

3.3.3　删除页眉 / 页脚

学会了如何插入页眉 / 页脚，也要学习如何删除页眉 / 页脚。

有时候可能只需要删除其中一个页眉 / 页脚，这里有两种方法可以实现。

方法一：双击页眉 / 页脚区域，进入页眉 / 页脚视图，删除该区域的文本及段落标记，单击【关闭页眉和页脚】命令，页眉 / 页脚就被删除了。

方法二：在【插入】选项卡的【页眉和页脚】组中，单击【页眉】命令，在下拉列表中选择【删除页眉】命令，文档中的页眉就会被删除了。

删除页脚也是同样的操作方法。

3.3.4　打印页眉 / 页脚

很多时候打印出来的页面和在电脑上看到的页面是不一样的。

尤其体现在，打印出来的文档是没有页眉 / 页脚的，这其实是因为我们设置了【仅打印窗体数据】，可以通过以下操作取消该设置。

（1）单击【文件—选项】命令，弹出【Word 选项】对话框。

（2）在【Word 选项】对话框中单击【高级】，下拉至【打印此文档时】功能区，取消勾选【仅打印窗体数据】复选框，单击【确定】按钮。

（3）再次打印即可打印出页眉／页脚的内容了。

图 3-15　取消勾选【仅打印窗体数据】复选框

3.4　目录

本节内容旨在帮助读者掌握制作目录的方法，并解决操作过程中可能遇到的问题。

3.4.1　生成目录

首先，确定标题样式，并确保文档中正确运用了该样式。这一步是使 Word 明确哪里的文本是标题，该标题又是哪一级标题。

然后，将鼠标光标移至需要插入目录的位置，单击【引用】选项卡【目录】组中的【目录】命令，在其下拉列表中选择一款自动目录样式。

最后，在光标的位置生成文档目录，如图 3-16 所示。

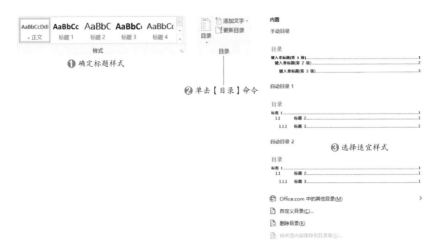

图 3-16　目录的生成

3.4.2　自定义目录样式

Word 内置的目录样式适合一键插入，快捷应用。但是当用户想要体现个性化设计时，Word 也是支持的。

用户可以选择是否显示页码、页码和标题之间是否需要连接线、连接线的类型。

首先，单击【引用】选项卡【目录】组中的【目录】命令，在其下拉列表中，选择【自定义目录】命令。

然后，在弹出的【目录】对话框中对上述问题进行设置，如图 3-17 所示。

- 取消勾选【显示页码】复选框，则目录中只显示标题而不显示页码。
- 取消勾选【页码右对齐】复选框，则目录中的页码会紧跟在标题后面显示。
- 【制表位前导符】指页码与标题间连接线的样式，共有 5 种不同选择。
- 所有的设置可以马上在【打印预览】区域中看到应用效果。

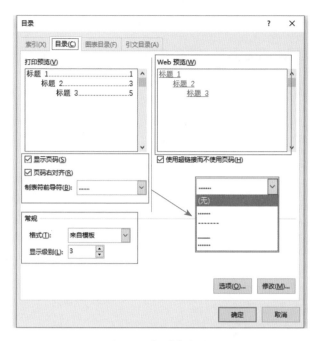

图 3-17 【目录】对话框

3.4.3 常见问题

下面介绍一些在设置目录时常常遇到的问题。

（1）关于标题样式，是否必须使用内置的标题样式？

答案是否定的，你可以自己创建标题样式。

我们可以试着在【开始】选项卡【样式】组中选择【创建样式】来新建一个样式，并在弹出的【根据格式化创建新样式】对话框中单击【修改】按钮。在【根据格式化创建新样式】对话框中单击【格式—段落】命令，弹出【段落】对话框，将【大纲级别】修改为 1 级。

接下来，使用这个新创建的样式，对文档中的任意段落文本进行设定。设定结束后，再次插入目录时会发现，此段落文本也能够显示在目录中。所以，关键点在于新建样式时对【段落】对话框中的【大纲级别】进行设置，只要确保大纲级别正确，新创建的样式标题就能显示在目录中。

（2）可以修改标题样式的名称吗？

当然可以！

无论标题样式的名称改成什么，都是标题样式本身。这和一个人不停地更换"马甲"，但还是他本人是一个道理。

（3）标题样式和目录样式联动吗？

答案是不联动。

再尝试一下，将标题样式中的二、三级标题字号调小，再次生成目录，会发现生成的目录的二、三级标题字号并没有发生变化。

想要修改目录中的标题样式，要遵循以下操作。

① 在【引用】选项卡的【目录】组中，单击【目录】命令。在弹出的下拉列表中，选择【自定义目录】命令，弹出【目录】对话框，单击右下角的【修改】按钮。

② 在弹出的【样式】对话框中选择想要修改的标题，再单击下方的【修改】按钮。

③ 在弹出的【修改样式】对话框中对其标题样式进行修改，如图 3-18 所示。

图 3-18　标题样式修改操作

3.5　脚注

脚注是什么？附在文章页面底端，对某些内容加以说明的注文就是脚注。

在脚注这样的小细节中，其实是最能体现文档专业性的。

3.5.1　添加和删除脚注

如果想要单独说明文档中的某个词语或句子，则可以使用脚注功能。

一般来说，脚注需要用页面底部的短横线来与正文分隔开，字号也比正文略小，并且所有的脚注都是带有编号的，以便与正文相对应，如图 3-19 所示。

> 诸葛亮说："善败者不亡[1]。"善败者——正确对待失败的人，善于从失败中总结经验的人是最有希望获得成功的人。
>
> ————————————
>
> 1 这句话来源于《诸葛亮兵法》第 15 章　不陈……

图 3-19　案例展示

1. 插入脚注

将鼠标光标置于需要插入脚注的位置，单击【引用】选项卡【脚注】组中的【插入脚注】命令，如图 3-20 所示。

此时，页面底端会出现一条短横线，光标会出现在短横线下方，输入对该处的注释。

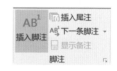

图 3-20　插入脚注

回到之前插入脚注的位置，会发现被标注的字词自动生成上标形式的数字。

页脚位置也会出现横线与刚输入的注释，一条脚注就插入完毕了。

2. 删除脚注

删除脚注并不只是删除脚注中的内容。

如果单纯地删除脚注中的内容，页面底端还会留下空白的脚注区，以及一条短横线。

当插入下一条脚注时，上一条被删除内容的脚注还占着一个编号，新插入的脚注会顺延到下一个编号。

该怎样正确地删除脚注呢？

删除正文中脚注自动生成的上标，如此，上标和脚注就会一并被删除了。

但是，上标很小，周围的字很多，想要选中上标并不太容易，下面介绍几种轻松选中上标的方法。

方法一：将鼠标光标放置于想要删除的脚注上标前面的任意位置，在【引用】选项卡的【脚注】组中，单击【下一条脚注】命令，光标就会自动定位至想要删除的脚注上标前方了。选中上标，按【Del】键删除即可。

方法二：直接将鼠标光标放置于页面底端的脚注处，单击鼠标右键，在弹出的快捷菜单中选择【定位至脚注】命令，光标就会跳转至该脚注的上标处了。

方法三：将鼠标光标置于页面的任意位置，同样单击【脚注】组中的【显示备注】命令，光标会迅速定位至当前页面底端的脚注位置。再单击一次【显示备注】命令，光标就会定位至该脚注在文档中的上标处了。

我们会发现，单击【显示备注】命令，光标会自动定位至当前页面的最后一个脚注处。如果当前页面没有脚注，那么光标会定位于文档中最后一个脚注所在页面的脚注处。

可我们要找的不是最后一个脚注，该怎么办呢？

其实，当光标定位于文档中最后一个脚注所在页面的脚注处时，我们可以单击【下一条脚注】右侧的小三角形，在弹出的下拉列表中，通过选择【上一条脚注】和【下一条脚注】命令，定位想要寻找的脚注，如图 3-21 所示。

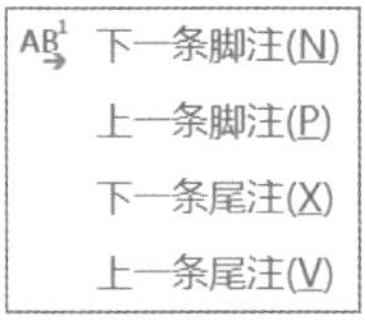

图 3-21　【下一条脚注】命令

找到之后，此时的光标还是定位于页面底端的脚注位置，再次单击功能区中的【显示备注】命令，就可以将光标定位在相应的脚注上标处了。

3.5.2　自定义脚注格式

脚注的位置、数字格式、编号方式等都可以自定义设置。脚注不在页脚的位置，怎么实现？一起来看看吧！

1. 脚注的位置

Word 给了脚注两个位置，一个是页面底端，另一个是文本下方。

位于文本下方的脚注，不是指紧跟在文本之后。而是出现在当前页面最后一段的下方。如果最后一个段落位于页面中间或页面上半部分，脚注也会随之移动，位于最后一段的下方，如图 3-22 所示。

那如何设置脚注的位置呢？

在【引用】选项卡的【脚注】组中，单击其右下角的对话框启动器图标，弹出【脚注和尾注】对话框。我们可以对脚注 / 尾注的位置、编号格式等进行调整，如图 3-23 所示。

图 3-22　脚注位置对比图

图 3-23　【脚注和尾注】对话框

2. 脚注的编号

默认的脚注编号是"1，2，3……"，如果不喜欢或需要其他样式的编号，则可以单击【脚注和尾注】对话框中的【编号格式】下拉列表进行更改。其中，有中文数字、带圈数字，以及英文等多种选择。

　　如果想给某个脚注添加特殊符号，则单击【符号】按钮进行设置。如图 3-24 所示，给脚注添加了一个三角符号，并用小写英文字母代替了数字 1。

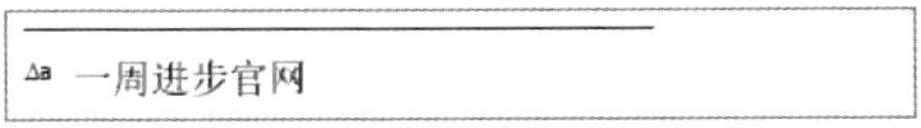

图 3-24　案例展示

　　脚注的编号顺序也可以通过【起始编号】和【编号】进行设定。

　　这个功能可以实现脚注在新的页面重新开始编号。只需要在每个页面都插入分页符，然后在【脚注和尾注】对话框的【编号】处下拉列表中选择【每页重新编号】，即可实现每一页的脚注编号都重新开始。

第 4 章

Word 文档要出彩，怎能少了图表

4.1　表格

Word 具有强大的制表功能，像简单的成绩单、个人简历、信息登记表等偏书面的表格，更适合使用 Word 来制作。

本节会介绍一些关于 Word 表格的基础操作方法。

4.1.1　表格的创建

无论做什么都要打好基础，想要掌握 Word 中的表格，我们先来学习一些关于表格的基础知识吧。

1. 创建表格的 4 种方法

使用表格的第一步首先是要学会创建表格。与 Excel 表格不同，Word 中的表格是用户自行插入且自由设计的。下面介绍 4 种在 Word 中创建表格的方法。

方法一：插入——直接选择表格。

单击【插入】选项卡【表格】组中的【表格】命令，在下拉列表中可以看到有很多空格，使用鼠标直接划选，被选中的表格边缘呈橙色。

确定好想要创建的表格的行、列数之后，单击鼠标左键即可，如图 4-1 所示。此时，我们可以看到原本闪烁的光标处，被插入了特定行、列数的表格。

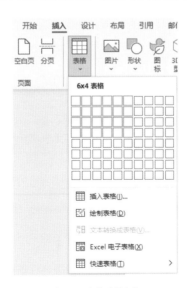

图 4-1　直接选择表格

💡 **小贴士**

此处的表格最大只能创建"列 × 行"为10×8的表格。

方法二：插入——插入表格。

在【插入】选项卡的【表格】组中，单击【表格—插入表格】命令，弹出【插入表格】对话框，如图4-2所示。

图 4-2　插入表格

在其中选择想要插入的表格的行、列数，进行表格的"自动调整"操作，以及选择是否将新的表格设置为默认表格。

选择完毕后，单击【确定】按钮，光标处即会出现设置的表格。

方法三：插入——绘制表格。

在【插入】选项卡的【表格】组中，单击【表格—绘制表格】命令，鼠标箭头就变成了一个小铅笔形状。

可以用它来设计表格，拖动鼠标，自行调整表格的行宽、列宽，如此设计的表格就是独一无二，且适合实际需要的。

方法四：插入——快速表格。

在【插入】选项卡的【表格】组中，单击【表格—快速表格】命令，在弹出的下拉列表中，有9种内置预设表格，包含日历、双表等多种格式，可以根据实际需要进行选择，如图4-3所示。

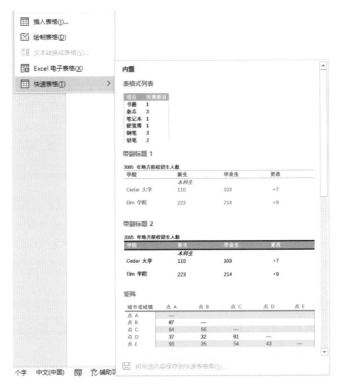

图 4-3　快速表格

2. 表格的基本操作

下面介绍一些关于表格的快捷键及针对表格的基本操作，如表 4-1 所示。

表 4-1

快捷键	简介
【Tab】键	横向录入
【Shift + Tab】键	返回
【Enter】键	增加一行
【Delete】键	选中表格，删除内容
【Backspace】键	删除表格
【Ctrl + Shift + Enter】键	拆分表格
【Shift + Alt +↑/↓】键	切换行顺序（与段落切换相同）
单击左上角的 ⊞ 图标选中整个表格	

小贴士

在录入表格内容时，最好是横向录入。

按【Tab】键跳到下一个单元格，到最末端也是按【Tab】键。按【Enter】键是多增加一个段落。如果需要增加一行，则将鼠标光标置于单元格框线外，按【Enter】键。

不太规则的表格想要移动单个框线时需要选中相邻的两个单元格，再进行拖曳，否则移动的就是一整条线。

4.1.2 制表符

对齐文本的方式除了 3.3.1 节介绍的常规对齐操作，此处再引入一个新概念——制表符。其功能是在不使用表格的情况下，在垂直方向上按列对齐文本。

比较常见的应用包括名单、简单列表对齐等，也可以应用于制作页眉 / 页脚等，同一行有几个对齐位置的行。

1. 制表符在哪里

在【视图】选项卡的【显示】组中，勾选【标尺】复选框，即可在 Word 页面中看到横标尺和竖标尺。

在横标尺和竖标尺延长相交的 Word 页面左上角，可以看到一个图标，即制表符切换图标，单击即可切换不同类型的制表符，如图 4-4 所示。

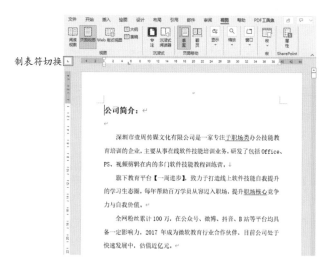

图 4-4　制表符切换图标

关于不同类型的制表符及其功能如表 4-2 所示。

表 4-2

符号	制表符类型	功能
⊾	左对齐制表符	按下【Tab】键后，后面段落的文本在制表符处左侧对齐
⊥	居中制表符	按下【Tab】键后，后面段落的文本在制表符处居中对齐
⅃	右对齐制表符	按下【Tab】键后，后面段落的文本在制表符处右侧对齐
⊥	小数点对齐制表符	按下【Tab】键后，后面段落的文本在制表符处小数点对齐
Ⅰ	竖线对齐制表符	按下【Tab】键后，后面段落的文本在制表符处竖线对齐
▽	首行缩进制表符	按下【Tab】键后，后面段落的文本在制表符处首行缩进
△	悬挂缩进制表符	按下【Tab】键后，后面段落的文本在制表符处悬挂缩进

2. 制表符的使用

制表位是指制表符在横标尺上的位置。

Word 中的制表位分为两种：默认制表位与用户制表位。

默认制表位自标尺左端起自动设置，默认间距为 0.75 厘米，两个汉字的宽度，即每隔 0.75 厘米，标尺上存在一个默认制表位。所以，如果第一个段落需要设置为空个两格，则可以直接按下【Tab】键，即可实现空两格的效果了。

接下来，介绍两种添加用户制表位的方法。

方法一：单击 Word 界面左上角的左对齐式制表符图标，切换到所需的制表符，然后将鼠标光标移到"横标尺"上所需插入制表符的位置，单击即可插入一个制表符，生成制表位。

方法二：在【开始】选项卡的【段落】组中，单击右下角的对话框启动器图标 ⌐，在弹出的【段落】对话框中，单击【制表位】按钮，即可打开【制表位】对话框。根据提示进行设置，如图 4-5 所示。

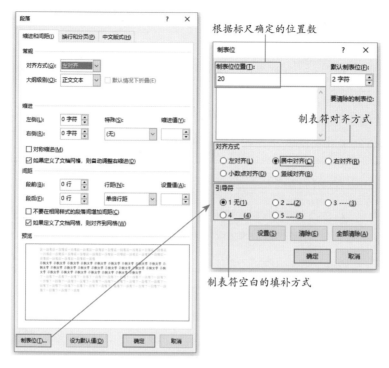

图 4-5　制表符操作

实际上，使用制表符的操作很简单，按下【Tab】键即可。

首先，根据上述操作在横标尺上放置制表位。

然后，将鼠标光标移动到需要插入制表符的位置，按下【Tab】键，就进行了一次插入制表符的操作。

光标后的文本移动到了下一个制表位，其段落也会根据制表符的对齐方式对齐，如图 4-6 所示。

图 4-6　制表符的对齐方式

💡 **小贴士**

如果光标移动到某一位置，其右边没有用户设置的制表位，则按下【Tab】键之后，文本会向右移动到 Word 默认的制表位。

4.1.3　表格的美化

在 Word 中，表格虽不是主要功能，但也不是只有单调的默认样式。我们可以通过修改表格的边框和底纹来进行美化，提升表格的视觉效果。

设置方法是，选中表格中想要修改美化的单元格，在【表设计】选项卡中，单击【底纹】和【边框】命令进行设置。

1. 底纹

【底纹】其实就是表格单元格的背景填充。选中想要添加背景颜色的单元格，单击【底纹】命令，在下拉列表中选择目标颜色，选中的单元格就会填充该颜色了。

2. 边框

选中表格，会出现【表设计】选项卡，找到【边框】组，其中【边框样式】下拉列表中是 Word 预设的样式，选择心仪的样式，修改边框颜色及笔画粗细，即可以修改表格的边框样式。

单击【边框】命令，在其下拉列表中，有表格不同位置的边框选项，选择目标边框命令，即会对选中的单元格边框进行特定修改，如图 4-7 所示。

单击【边框刷】命令，可以看到鼠标光标变成了一个小的笔刷。可以用来修改某一单元格中的一条边框，便于用户设计自己独特的表格。

💡 **小贴士**

边框刷的使用要沿着已有边框水平 / 垂直画线，在空白区域画线是不起作用的。

图 4-7　【边框】下拉列表

3. 商务表格——三线表

三线表是常用的一种表格，通常只有 3 条线，即顶线、底线和栏目线（没有竖线），其中顶线和底线为粗线，栏目线为细线。

当然，三线表也不一定只有 3 条线，必要时可以添加一些辅助线。无论添加多少条辅助线，仍然称作三线表。

完整的三线表的组成要素包括：表序、表题、项目栏、表身和表注，如图 4-8 所示。

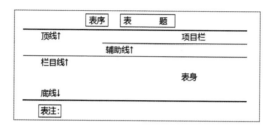

图 4-8　完整三线表图示

三线表能增强表述内容的逻辑性和准确性，提高文章说服力，还可以缩减版面、节约空间、美化版面，是现代商务及科技表述中不可或缺的手段。

下面介绍一下在 Word 中将普通表格转变为三线表的方法。

三线表边框线比较少，所以我们要在无框线表格上，增加部分边框线，并加粗部分边框线。

（1）绘制一个普通表格，编辑好内容。

（2）选中整个表格，单击鼠标右键，在弹出的快捷菜单中选择【表格属性】命令，弹出【表格属性】对话框，单击【边框与底纹】按钮。

（3）弹出【边框和底纹】对话框，在【边框】设置选项中，选择【无】，则表格全部线条都被清除，表格边框也消失了。

（4）添加部分边框。选定表格项目栏（即第一行），在【表设计】选项卡的【边框】组中，设置线形宽度为 0.5 磅，选择【边框—下框线】命令，此时栏目线就设置好了。

（5）设置上线框和下线框，设置线性宽度为 1 磅，再次选中表格项目栏（即第一行），单击【表设计】选项卡中的【边框—上框线】命令，上框线就被设置好了。

（6）同理，选中最后一行单元格，单击【表设计】选项卡中的【边框—下框线】命令，三线表的框线就被设置完成了。根据具体要求，还可以再对表格进行底纹颜色的设置。

操作过程如图 4-9 所示。

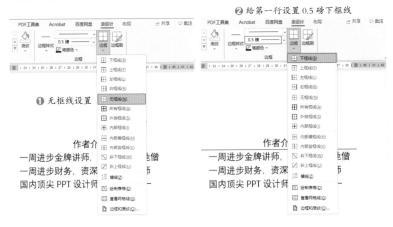

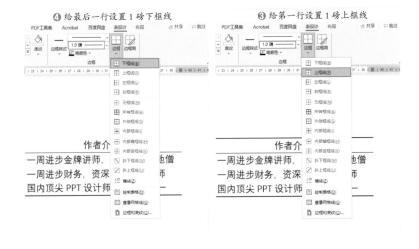

图 4-9　三线表操作

💡 **小贴士**

上述线条磅数在普通视图下显示不出粗细的差别，但打印后的效果明显。

4.1.3 表格的计算与排序

Word 在处理数据方面虽然没有 Excel 那么智能，但仍然可以进行一些简单运算。

1.Word 中简单数据的处理

选中存放计算结果的单元格（A 公司第一季度销量），会出现一个新的【布局】选项卡，单击【数据】组中的【公式】命令，弹出【公式】对话框，在【公式】文本框中输入相应的公式，公式也可在下方的【粘贴函数】的下拉列表中选择，如图 4-10 所示。

图 4-10 案例展示

【公式】文本框中默认是 SUM 公式（求和公式），在选择其他函数时，需要自己输入括号中的内容。

（1）ABOVE（向上计算）。

（2）BELOW（向下计算）。

（3）LEFT（向左计算）。

（4）RIGHT(向右计算）。

输入完毕后单击【确定】按钮，选中的单元格即会出现计算结果。

如果其中的数据发生变化，则选中结果单元格，单击鼠标右键，在弹出的快捷方式中选择【更新域】命令，即可实现数据的更新。

Word 不能像 Excel 那样直接用鼠标拖曳的方式快速填充数据，但可以使用【F4】键（重复上一步骤）来快速填充。注意，笔记本电脑中按【Fn + F4】键。

小贴士

此处提供几个常用公式：SUM（求和）、AVERAGE（求平均值）和 PRODUCT（求积）。

更复杂的数据就没必要用 Word 来处理了，操作较麻烦。

2. 排序

在 Word 中还可以给表格排序。

单击选中需要排序的列或整个表格，在新出现的【布局】选项卡的【数据】组中，单击【排序】命令，弹出【排序】对话框，根据需要进行设置，如图 4-11 所示。

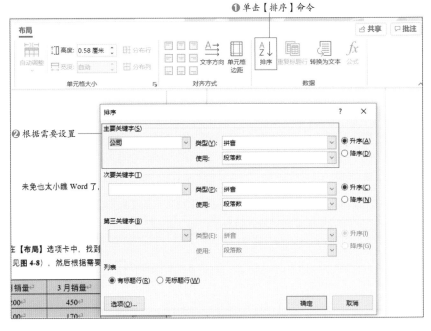

图 4-11 排序类型

如果选中了整个表格，则可以在【主要关键字】的下拉列表中，选择需要进行排序的列，然后在【类型】下拉列表中选择排序依据，最后选择排序顺序【升序】/【降序】单选项，单击【确定】按钮。表格会自动进行排序，呈现排序后的新表格。

小贴士

由于 Word 中的文本处理功能更强大，所以在【类型】下拉列表中有【笔画】的选项，如图 4-12 所示。

图 4-12　排序类型

3. 编号

编号也是表格中十分常用的操作，虽然 Word 不可以像 Excel 一样用鼠标拖曳下拉填充，但是 Word 也有自己处理编号的方法。

接下来，我们一起来学习一下如何使用 Word 中的智能编号操作。

选中需要填充编号的单元格，在【开始】选项卡的【段落】组中，单击【编号】按钮，单元格就会自动填充编号了，如图 4-13 所示。

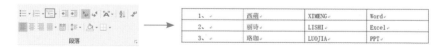

图 4-13　自动填充编号案例

我们会发现，这个自动加入的编号，后面多了一个顿号"、"。此时单击【编号】旁的小三角形，在下拉列表中选择【定义新编号格式】命令。在弹出的对话框中，删除【标号格式】中数字后的顿号。

再次重复以上的编号操作即可。

4.1.4　表格的其他用途

因为现实需要过于多样，简单的几种操作是远远不能够满足的，下面介绍一下文本转换成表格、表格自动调整功能，以及不规则框线的添加，读者在操作时可以作为参考。

1. 文本转换成表格

在录入表格时，可以先录入文本，然后有意识地添加一些分隔符（例如空格），录入完成直接转换为表格，会方便很多。

首先，在 Word 中输入文本时，在其中输入空格作为分隔符。

然后，将内容全部选中，在【插入】选项卡的【表格】组中，单击【表格】命令。在下拉列表中选择【文本转换成表格】命令，在弹出的【将文字转换成表格】对话框中设置表格参数。

最后，根据自己使用的符号，在【文字分隔位置】中选择或输入相应的分隔符号，单击【确定】按钮，文本即可被转换为表格。

操作过程如图 4-14 所示。

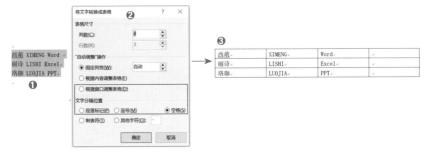

图 4-14　文本转换成表格案例展示

小贴士

输入分隔符时要注意中英文切换，使用与文本一致的分隔符。

我们也可以先在 Excel 中使用智能填充功能录入，再将其导入 Word 中进行转换，也是一种十分方便的操作方法。

2. 表格自动调整

有时我们需要将两张表格合并在一起，但无论怎么拖曳都无法让两个表格合并。此时，只需要对两个表格的表格属性进行设置，达到如图 4-15 所示的效果。

1.	丽诗	LISHI	Word
2.	西萌	XIMENG	Excel
3.	珞珈	LUOJIA	PPT

4.	丽诗	LISHI	Word
5.	西萌	XIMENG	Excel
6.	珞珈	LUOJIA	PPT

1.	丽诗	LISHI	Word
2.	西萌	XIMENG	Excel
3.	珞珈	LUOJIA	PPT
4.	丽诗	LISHI	Word
5.	西萌	XIMENG	Excel
6.	珞珈	LUOJIA	PPT

图 4-15 表格自动调整案例展示

首先，选中表格，单击鼠标右键，在弹出的快捷菜单中选择【表格属性】命令。

然后，在弹出的【表格属性】对话框中，在【文字环绕】功能区单击【还绕】图标，然后单击【定位】按钮，弹出【表格定位】对话框，在【选项】功能区中取消勾选【允许重叠】复选框。另一个表格也是同样的设置步骤，如图 4-16 所示。

图 4-16 表格自动调整操作

设置完成后再次进行拖曳，表格就能够"合并"在一起了。但此时的合并并非真正的合并，如图 4-15 下面所示，表格左侧还有 ✛ 标识，表示这还是两个表格。

如果想要真正地把两个表格合并为一个，可以重新设置两个表格的表格属性，在【表格属性】对话框中的【文字环绕】区域选择【无】，最终效果如图 4-17 所示。

1.	丽诗	LISHI	Word
2.	西萌	XIMENG	Excel
3.	珞珈	LUOJIA	PPT
4.	丽诗	LISHI	Word
5.	西萌	XIMENG	Excel
6.	珞珈	LUOJIA	PPT

图 4-17　表格自动调整操作

3. 不规则框线的添加

一些表格有很多项目，因此常常会出现一些特殊的框线，如图 4-18 所示的斜线表头。

图 4-18　斜线表头

那么斜线的添加应该怎样操作呢？

方法一：选中需要添加斜线的单元格，单击鼠标右键，在弹出的快捷菜单中选择【表格属性】命令，在弹出的【表格属性】对话框中单击【边框和底纹】按钮，弹出【边框和底纹】对话框，选择方向正确的斜线即可。

方法二：选中需要添加斜线的单元格，单击【设计】选项卡【边框】组中的【边框】命令，在其下拉列表中，选择正确方向的斜线，如图 4-19 所示。

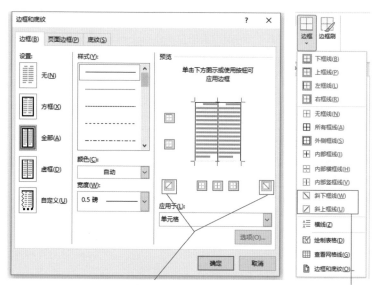

方法一：在【边框和底纹】对
话框中，选择正确方向的斜线

方法二：在【边框】下拉列
表中选择方向正确的斜线

图 4-19　添加斜线操作

如果要添加两条斜线或两条以上的斜线呢？如图 4-20 所示。

节次　课程　星期	星期一	星期二	星期三	星期四	星期五	星期六	星期日
1							
2							
3							
4							
5							
6							

图 4-20　有两条斜线的表头

其实，Word 2010 以后的版本，取消了"绘制斜线表头"这一功能。

如果想要在一个单元格中拥有两条及以上的斜线，就自己绘制几条斜线吧！

首先，单击【插入】选项卡中的【形状】命令，在其下拉列表中找到直线图标，单击使用该形状。

然后，在需要绘制斜线的单元格中绘制即可，如图 4-21 所示。

图 4-21　绘制斜线的操作过程

💡 **小贴士**

建议绘制单元格时，先输入文本，然后根据文本位置，绘制斜线，避免输入文本后表格大小发生改变，出现斜线位置移位的情况。

4.1.5　跨页表格编排中的常见问题

在一些有严格要求的文档中，表格跨页问题是不被允许的。在日常的文档编辑中，学会解决跨页问题也是十分必要的，我们来一起学习一下吧！

1. 调整文本位置法

很多时候，我们习惯把表格后的文本放在表格下方，文本就随着表格的后半部分待在下一页。可以试着将表格后的文本放在表格前方，这样可以使表格完整地落在一页上。

这种方法也十分简明有效，但是需要在文中注明表格的编号信息，使读者能够根据交叉引用和表题信息找到表格位置。

2. 调整表格大小法

我们可以通过调整表格的间距，来变更表格的大小。

例如，我们可以将表格的行距设置为【单倍行距】或将其设置为较小磅数的【固定值】，以减小表格的高度，如图 4-22 所示。

书名	作者	作者介绍
《从零到一学 Word》	丽诗	一周进步金牌讲师
《从零到一学 Excel》	西萌	一周进步 Excel 专栏主编
《从零到一学 PPT》	珞珈	国内顶尖 PPT 设计师&讲师之一

书名	作者	作者介绍
《从零到一学 Word》	丽诗	一周进步金牌讲师
《从零到一学 Excel》	西萌	一周进步 Excel 专栏主编
《从零到一学 PPT》	珞珈	国内顶尖 PPT 设计师&讲师之一

图 4-22　行距对比

3. 重复标题行法

在表格过长时，我们只能接受表格跨页，但是会出现第 2 页没有标题行的问题，不便于阅读。

针对上述问题，我们可以设置跨页重复标题行来解决，有两种方法。

方法一：

（1）将鼠标光标置于表格第 1 行，在表格工具的【布局】选项卡的【数据】组中，单击【重复标题行】命令，弹出【表格属性】对话框，勾选【在各页顶端以标题形式重复出现】复选框，如图 4-23 所示。

图 4-23　重复标题行

（2）单击【确定】按钮后，处于跨页状态的表格，第 2 页的表格会出现一个标题行。

方法二：

（1）选中表格的标题行，单击鼠标右键，在弹出的快捷菜单中选择【表格属性】命令。

（2）弹出【表格属性】对话框，选择【行】标签，在其中勾选【在各页顶端以标题行形式重复出现】复选框，单击【确定】按钮。

4.2　图表"神器"——SmartArt

在做项目报告时，需要用到各种结构分析图，此时，SmartArt 可谓是一个十分神奇且好用的工具了，本节我们一起来学习一下 SmartArt 的用法。

SmartArt 图形是信息和观点的视觉表示形式。可以通过从多种不同布局中进行选择来创建 SmartArt 图形，从而快速有效地传达信息。

1. 如何输入 / 修改颜色

（1）在【插入】选项卡的【插图】组中，单击【SmartArt】命令。

（2）在弹出的【选择 SmartArt 图形】对话框中会显示多种图形，单击心仪的图形，即可将其插入 Word 页面中的光标处，如图 4-24 所示。

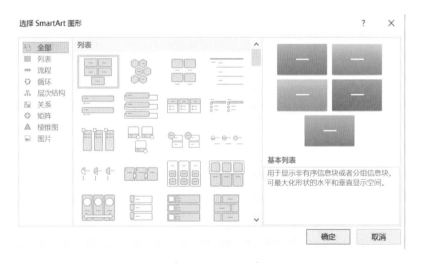

图 4-24　【选择 SmartArt 图形】对话框

（3）插入工具后，会有"[文本]"样式显示，单击激活该处文本框，输入文本即可。

（4）若要修改默认的图形样式，只需选中想要修改的图形，单击【格式】选项卡，即可根据选项卡和命令修改图形的颜色、边框和形状等多种参数。

2. SmartArt 如何让 Word 看起来很专业

SmartArt 不仅可以使文本内容逻辑关系更加清晰地呈现，而且可以使图片的排版更加美观，那到底如何正确地使用 SmartArt，才能达到以上效果呢？

以公司简介为例：

深圳市壹周传媒文化有限公司是一家专注于职场类办公技能教育培训的企业，主要从事在线软件技能培训业务，研发了包括 Office、PS、视频剪辑在内的多门软件技能教程训练营。旗下教育平台一周进步，致力于打造线上软件技能自我提升的学习生态圈，每年帮助百万名学员从容迈入职场，提升职场核心竞争力与自我价值。全网粉丝数累计 100 万，在公众号、微博、抖音、B 站等平台均具备一定影响力，2017 年成为微软教育行业合作伙伴，目前公司处于快速发展中，估值近亿元。

大段文本堆砌在这里会让人望而生畏，而且一眼看去抓不住重点。我们将其重点提炼出来，插入适当的 SmartArt 层次结构图，感觉便一目了然了。

在文段中挑出重点词句，选择合适的 SmartArt 图形，修改颜色和形状，专业结构图就搞定了，如图 4-25 所示。

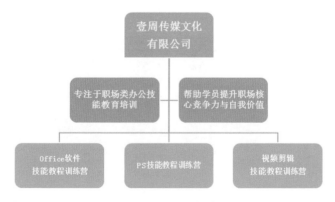

图 4-25　SmartArt 层次结构图

💡 **小贴士**

不要使用过于艳丽的颜色，同时拒绝多种颜色的组合。

下面再以一个流程图为例，如图 4-26 所示。

图 4-26　流程图

图形更加便于阅读，使用 SmartArt 制作的流程图会更加清楚。

再来看一下在图片方面 SmartArt 的 "smart"（聪明）之处。

插入很多图片时，会发现图片大小不一，此时只需要在【选择 SmartArt 图形】对话框中单击【图片】标签，然后选择合适的图形，将图片填充到图形的相应位置中，图片就会自动被裁切成大小一致的形状，清晰地呈现在我们面前。

4.3　图片

在申请表、简历等文档中，需要在 Word 中插入图片，所以学习一些关于图片的操作是十分必要的。

4.3.1　插入图片

我们可以通过鼠标单击，也可以直接按下快捷键来插入图片。

方法一：单击【插入】选项卡【插图】组中的【图片】命令，弹出【插入图片】对话框，在其中选择文件路径，找到相应的图片，双击即可插入图片。

方法二：在键盘上按下快捷键【Alt + N + P】，同样会弹出【插入图片】对话框，双击目标图片，图片即会被插入光标处。

1. 调整图片布局

在 Word 文档中插入图片以后，还需要考虑图片在 Word 中的位置。因为这与文本内容的排版密切相关。

首先，选中 Word 中的目标图片。然后，单击【格式】选项卡中的【位置】命令，在下拉列表中选择一个合适的位置样式，选择完毕以后图片布局即会生效。

同样，也可以选中图片，在【布局】选项卡中，单击【环绕文字】命令，在下拉列表中选择一个合适的样式，如图 4-27 所示。

图 4-27 【环绕文字】下拉列表

要设置更为精确的布局，可以在图 4-27 所示下拉列表中选择【其他布局选项】命令，弹出【布局】对话框，在【位置】、【文字环绕】和【大小】标签中分别进行更为详细的设置。

全部设置完成以后单击【确定】按钮。

此处的设置是即时生效的，可以在 Word 中查看效果。

2. 常见问题及解决方法

在 Word 中，插入图片后可能出现一些奇怪的现象，只要知道原因我们就可以将它们轻易解决。

（1）插入一张图片后，只显示了一个框。

这是因为图片布局为嵌入型，且【Word 选项】对话框的【高级】标签中勾选了【显示图片框】复选框，所以只显示了一个框。

此时，可以单击【文件—选项】命令，在弹出的【Word 选项】对话框中单击【高级】标签，下拉至【显示文档内容】功能区，取消勾选【显示图片框】复选框，再次插入图片即可显示了，如图 4-28 所示。

图 4-28　【Word 选项】对话框

（2）插入的图片只显示了一部分。

这是因为图片布局为嵌入型，行距设置为固定值，所以图片显示不全。此时需要设置行距，单击【开始】选项卡【段落】组中右下角的对话框启动器图标 ，弹出【段落】对话框，在【行距】中选择【单倍行距】，如图 4-29 所示。

（3）需要选择多张图片时，按住【Ctrl】键选不中其他图片。

这是因为图片布局为嵌入型。此时需要选中图片，单击右上角的 图标，在下拉列表中选择【文字环绕】的环绕方式，就可以按住【Ctrl】键选择图片了。

（4）每次插入图片都需要手动调整图片布局类型。

可以通过修改插入图片后默认的布局类型来解决。一般来说，在 Word 中插入图片后，默认的布局类型为嵌入型。

图 4-29　选择【单倍行距】

单击【文件—选项】命令，在弹出的【Word 选项】对话框中，选择【高级】标签，下拉至【剪切、复制和粘贴】功能区，在【将图片插入/粘贴为】的下拉列表中选择需要的图片布局，如图 4-30 所示。

图4-30 【Word选项】对话框

4.3.2 链接图片

有时，在Word中会需要用到跳转功能，可以通过在图片上添加超链接来实现。

首先，选中目标图片，单击鼠标右键，在弹出的快捷菜单中选择【超链接】命令。

然后，弹出【插入超链接】对话框，选择想要链接的地址，单击【确定】按钮，即可在图片中插入链接。

超链接的范围很广，可以选择现有文件或网页、本文档中的位置、新建文档、电子邮件地址，按需进行链接即可，如图4-31所示。

图 4-31 【插入超链接】对话框

插入超链接后，鼠标光标移动到插入超链接的图片上，就会显示插入的链接，根据相应的提示，按住【Ctrl】键，单击图片即可跳转到目标链接，如图 4-32 所示。

file:///C:\Users\jialulu\Desktop\Adobe Audition CC.lnk
按住 Ctrl 并单击可访问链接

图 4-32 链接示例

4.3.3 抠图

你还在学习用 Photoshop 抠图的方法吗？

其实不需要这么麻烦，Word 也可以实现。

选中需要进行抠图的图片，在【图片格式】选项卡中，单击【删除背景】命令，就会进入抠图设置。

页面默认的蓝紫色部分，是系统选择的要被删除的部分。单击【标记要保留的区域】命令，鼠标光标会变成一根铅笔，在页面中绘制出自己想要保留的部分，单击【保留更改】命令，图片抠图就完成了。

如果想要原图，同样单击【格式】选项卡中的【删除背景】命令，进入抠图页面，单击【放弃所有更改】命令，即可呈现原有图像，如图 4-33 所示。

图 4-33 背景消除

4.3.4　批量保存文档图片

有时，一个 Word 文档中可能包含很多图片，需要把这些图片单独保存到另外一个文件夹中。

一张一张保存会很费时费力。Word 可以批量保存图片，本节介绍两种方法。

1. 将文件另存为网页格式

在 Word 中单击【文件—另存为】命令，然后在保存类型下拉列表中选择【网页（*.htm,*.html）】，单击【保存】按钮，另存命令完成，如图 4-34 所示。

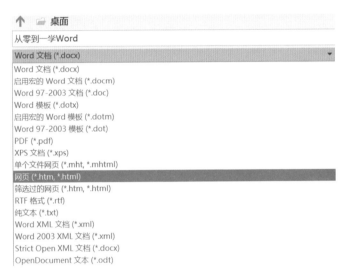

图 4-34　另存为网页格式

此时，在你的存储目录中会多出一个文件夹，打开该文件夹，会发现 Word中的图片都在其中了，如图 4-35 所示。

图 4-35　网页文件夹

2. 从压缩文件中直接复制

将包含图片的 Word 文档的扩展名修改为 ".rar"（压缩文件），将其变成压缩文件，这里命名为 "Word.rar"。

双击文件名直接打开，在 "word" 文件夹中，找到 "media" 文件夹，打开就会看到文档中的所有图片，按快捷键【Ctrl + A】全选，直接将其拖到目标文件夹，如图 4-36 所示。

名称	压缩前	压缩后	类型	修改日期
.. (上级目录)			文件夹	
_rels			文件夹	
customXml			文件夹	
docProps			文件夹	
word			文件夹	
[Content_Types].xml	4.0 KB	1 KB	XML 文档	1980-01-01 00:00

名称	压缩前	压缩后	类型	修改日期
.. (上级目录)			文件夹	
_rels			文件夹	2021-02-21 20:26
diagrams			文件夹	
media			文件夹	
theme			文件夹	
comments.xml	2.5 KB	1 KB	XML 文档	1980-01-01 00:00
commentsExtended.xml	2.2 KB	1 KB	XML 文档	1980-01-01 00:00
commentsIds.xml	2.2 KB	1 KB	XML 文档	1980-01-01 00:00
document.xml	3.2 MB	587.9 KB	XML 文档	1980-01-01 00:00
endnotes.xml	2.5 KB	1 KB	XML 文档	1980-01-01 00:00
fontTable.xml	2.8 KB	1 KB	XML 文档	1980-01-01 00:00
footnotes.xml	2.5 KB	1 KB	XML 文档	1980-01-01 00:00
numbering.xml	218.5 KB	8.9 KB	XML 文档	1980-01-01 00:00
people.xml	2.2 KB	1 KB	XML 文档	1980-01-01 00:00
settings.xml	27.0 KB	5.7 KB	XML 文档	1980-01-01 00:00
styles.xml	39.6 KB	4.3 KB	XML 文档	1980-01-01 00:00
webSettings.xml	1.4 KB	1 KB	XML 文档	1980-01-01 00:00

图 4-36 "word" 文件夹中的 "media" 文件夹

第5章

Word 排版技巧，解决各类排版难题

唉，
又被Word排版
难倒了一个。

5.1 排版的基本原理

虽然用 Word 制作文档很简单，但是想要让文档整体看起来舒适美观，还需要在排版上对文档进行"微调"。我们先从排版的问题入手，解决四大常见问题，然后分享五大排版原则。

5.1.1 四大常见问题

无论是新手还是 Word 的熟练用户，在排版过程中，通常会遇到以下问题：文档格式太花哨、使用空格键定位、手动输入标题编号等。本节会说明问题产生的原因，并提出解决方法。

1. 文档格式太花哨

很多人为了突出重点，会习惯在文档中添加各式各样的标记，给段落添加各种颜色。

但是，太多重点会产生没有重点的视觉效果，同时给人杂乱无章的感觉，也会大大降低文章的吸引力。

再次以公司简介为例，如图 5-1 所示，读者可以感受一下满眼都是重点的感觉。

公司简介：**深圳市壹周传媒文化有限公司是一家专注于职场类办公技能教育培训的企业，主要从事在线软件技能培训业务，研发了包括 Office、PS、视频剪辑在内的多门软件技能教程训练营。**
旗下教育平台【一周进步】，致力于打造线上软件技能自我提升的学习生态圈，每年帮助百万学员从容迈入职场，提升职场核心竞争力与自我价值。全网粉丝累计 100 万，在公众号、微博、抖音、B 站等平台均具备一定影响力，2017 年成为微软教育行业合作伙伴，目前公司处于快速发展中，估值近亿元。

图 5-1　案例展示

为了避免这样影响观感的排版，我们要记住：版面不能过于花哨，拒绝使用太多格式，排版要适度且克制。

2. 使用空格键定位

在日常排版中，面对需要用空格对文档进行区分时，很多人都会偷懒，直接按下【空格】键。

这样的方法虽然在录入时十分简便，但是将文档录入完毕，需要重新调整格式时，会产生许多问题。

比如，中文段落开头需要空两格，很多人会按两下空格键；在几段录入的文本没有对齐时，很多人会选择添加或减少空格键来调整。

因为空格的数量不一致，修改格式时就需要手工处理，增添了许多麻烦。

此时，为了避免以上的排版麻烦，用户可以直接使用 Word 的一些功能进行修改。例如，段落设置缩进、对段落设置对齐方式等。

3. 手动输入标题编号

绝大多数的 Word 文档中会包含大量编号，有“1、2、3”之类的顺序编号，也有多级的复杂编号，此类编号包含了多个层次，不同层次之间有不同格式的编号。

下面以书籍的目录为例，介绍多级编号的一般结构。图 5-2 是一个多级编号的典型示例。

目录

第 1 章 Word 这样用，才省劲......1

1.1 Word 界面和功能......2

1.1.1 选项卡......3

第 2 章 Word 入门，从文本开始......4

2.1 文本输入与编辑......5

2.1.1 文本的选择......6

图 5-2　目录展示

如果手动输入标题编号，在重新调整标题次序或增删标题内容时，就必须手动修改相应编号，工作量大还易出错。

直接使用 Word 提供的多级编号功能进行统一编号，所有问题就迎刃而解了，既提高了工作效率还便于后期工作维护。

4. 手动设置复杂格式

文档录入完毕，需要进行排版。如果要求进行复杂格式的排版，且不同段落有不同的格式要求，此时操作的繁杂程度就大大增加了。

我们需要明确，手动设置格式主要分为以下两种情况。

（1）连续段落修改。

此时，可以选中全部段落，直接对其进行格式设置。

（2）不连续段落修改。

根据 2.1.1 节介绍的方法选择文本，然后对其进行格式设置。

先对一个段落进行设置，选中该段落，然后在【开始】选项卡中，单击【格式刷】按钮，再对目标段落进行划选。

以上方法适用于简单的短文档，在大型文档排版时，使用以上方法，会严重影响排版速度。

下面介绍复杂格式的正确排版方法。

首先，设置各级标题、正文、图片、表格等的样式。在【开始】选项卡的【样式】组中，选择相应的样式（见图5-3），例如，选择【正文】，单击鼠标右键，在弹出的快捷菜单中选择【修改】命令，弹出【修改样式】对话框，调整其格式。

图 5-3 【样式】组

然后，选中需要修改的段落，单击【样式】组中设置好的格式，段落格式即可被修改为特定样式。

5.1.2 五大排版原则

排版不是自由发挥，只有遵循一定原则才能使文档看上去美观舒适。

下面介绍五大排版原则，读者多加练习，熟练操作之后，就能高效地编排出精致的文档了。

1. 紧凑对比原则

在使用 Word 排版时，想要内容错落有致，具有视觉上的协调性，一定要遵循紧凑对比原则。

紧凑是指将相关元素有组织地放在一起，从而使页面中的内容看起来更加清晰，整个页面更具结构化。

对比是指让页面中的不同元素具有鲜明的差别效果，以便突出重点内容，有效地吸引读者的注意力。

下面以公司简介文档为例进行说明。

为了使结构清晰，可以适当修改行间距，根据内容进行分段，对不同元素设置不同字体、字号、加粗等格式，增强对比效果，突出重点，给人以更好的视觉感受，如图5-4所示。

公司简介：深圳市壹周传媒文化有限公司是一家专注于职场类办公技能教育培训的企业，主要从事在线软件技能培训业务，研发了包括 Office、PS、视频剪辑在内的多门软件技能教程训练营。旗下教育平台【一周进步】，致力于打造线上软件技能自我提升的学习生态圈，每年帮助百万名学员从容迈入职场，提升职场核心竞争力与自我价值。全网粉丝数累计100多万，在公众号、微博、抖音、B站等平台均具备一定影响力，2017年成为微软教育行业合作伙伴，目前公司处于快速发展中，估值近亿元。

修改前

公司简介

使用紧凑对比原则排版

深圳市壹周传媒文化有限公司

一家专注于职场类办公技能教育培训的企业，主要从事在线软件技能培训业务，研发了包括 Office、PS、视频剪辑在内的多门软件技能教程训练营。。

旗下教育平台【一周进步】

致力于打造线上软件技能自我提升的学习生态圈，每年帮助百万名学员从容迈入职场，提升职场核心竞争力与自我价值。

公司影响力

全网粉丝数累计100万，在公众号、微博、抖音、B站等平台均具备一定影响力，2017年成为微软教育行业合作伙伴，目前公司处于快速发展中，估值近亿元。

图 5-4 案例展示

2. 统一原则

当文档中多次重复相同或是类似的元素时，为了在视觉上显示其统一性、专业性，需要适用统一原则。即对该文档设置统一的字体、颜色、大小、形状和图片等元素。

如图 5-5 所示，以公司简介文档为例，关键词的字体、字号，以及加粗设置都是统一的，表示其是一个层次的内容。

公司简介

- **深圳市壹周传媒文化有限公司。**

  一家专注于职场类办公技能教育培训的企业，主要从事在线软件技能培训业务，研发了包括 Office、PS、视频剪辑在内的多门软件技能教程训练营。。

- **旗下教育平台【一周进步】**

  致力于打造线上软件技能自我提升的学习生态圈，每年帮助百万名学员从容迈入职场，提升职场核心竞争力与自我价值。

- **公司影响力**

  全网粉丝数累计100多万，在公众号、微博、抖音、B站等平台均具备一定影响力，2017年成为微软教育行业合作伙伴，目前公司处于快速发展中，估值近亿元。

图 5-5　案例展示

运用统一原则，在各标题前插入一个标识符号，更加凸显各标题之间的统一性。

3. 对齐原则

页面上的任何元素都不是随意安放的，而应错落有致。

根据对齐原则，页面上的每个元素都应该与其他元素建立某种视觉联系，从而形成一个清爽的外观。

还是以图 5-5 为例，将小标题对齐，同时为各个段落设置合理的段落对齐方式，形成一种视觉上的联系。

当然，建立视觉联系不仅局限于设置段落对齐方式，还可以通过设置段落缩进（在文本前 / 后缩进字符）来实现。

4. 自动化原则

在对大型文档进行排版时，自动化原则尤为重要。合理运用 Word 的自动化功能，避免逐个手动修改。

在使用自动化原则的过程中，比较常见的功能主要包括页码、自动编号、目录、题注、交叉引用等。

例如以下几种情况。

（1）使用 Word 的页码功能，可以自动为文档页面编号，当文档页面发生增减时，不必担心编号发生混乱，Word 会自动进行更新调整。

（2）使用 Word 提供的自动编号功能，可以使标题编号自动化，不必担心由于标题数量的增减或标题位置的改变，而使编号混乱。

（3）使用 Word 提供的目录功能，可以自动生成目录，当文档标题内容或标题所在页码发生变化时 , Word 会同步进行更新，不需要手动更改。

5. 重复使用原则

在处理大型文档时，遵循重复使用原则，可以使排版工作省时省力。

重复使用原则，主要体现在样式和模板等功能上。例如，当有大量文档需要使用相同的版面设置、样式等元素时，可以事先建立一个模板，此后基于该模板创建的新文档就会拥有完全相同的版面设置，以及相同的样式。

下面介绍一下设置默认文档页面格式的方法。

在【布局】选项卡中，单击【页面设置】组右下角的对话框启动器图标 ，在弹出的【页面设置】对话框中，对页面设置等选项进行设置，如图 5-6 所示。

图 5-6　【页面设置】对话框

设置完毕后，单击左下角的【设为默认值】按钮，即可对文档进行默认格式的设置。

5.2 自动化排版

掌握自动化原则和其功能的运用，能帮助我们节省许多烦琐的步骤，快速完成文档的排版工作。

因此，本节将会对 Word 中的自动化功能，做更进一步的展开说明。那些让你头疼的排版问题，就交由 Word 来完成吧。

5.2.1 交叉引用

交叉引用功能可以为文档中在其他位置显示的项目进行引用和跳转。例如，用户在编辑文档的过程中，提及了"图 1"，然后利用该功能，引导读者快速浏览该图在文档中的其他位置。

1. 创建交叉引用

不仅是图片，还有编号项、标题、书签、脚注、尾注、表格、公式等项目，都可以创建交叉引用。

需要注意的是，不能交叉引用文档中不存在的内容，因此在使用该功能前，要先创建好图表、标题、页码等，才能进行下一步的操作。

下面以交叉引用标题为例。

（1）在页面视图的状态下，将鼠标光标置于希望交叉引用出现的位置。选择【插入】选项卡【链接】组中的【交叉引用】命令，打开【交叉引用】对话框。

（2）根据想要引用的项目类型和要在文档中显示的说明，分别在【引用类型】和【引用内容】的下拉列表中，选择相应的选项，如图 5-7 所示。

图 5-7　【交叉引用】对话框

（3）若想让你的读者，可以跳转到所引用项目的位置进行浏览，则需要勾选【插入为超链接】复选框。

如果【包括"见上方"/"见下方"】的复选框可用，也务必将其勾选，以便包括所引用项目的相对位置。

（4）在【引用哪一个标题】文本框中，单击要引用的具体项目，单击【插入】按钮。

小贴士

（1）按住【Ctrl】键的同时，单击已插入的交叉引用，即可直接跳转到交叉引用的项。

（2）交叉引用功能仅支持链接本文档内的内容，想要链接至单独的文件夹、网页和其他文件，可以选择【链接】命令，添加一个超链接。

2. 更新交叉引用

在修改文档时，若原来被引用的具体项目的位置有所改变，则必须更新原来已经插入的交叉引用。

回到需要更改的交叉引用位置。选中该交叉引用，单击鼠标右键，在弹出的快捷菜单中选择【更新域】命令，即可完成更新，如图 5-8 所示。

假如整篇文档中的交叉引用都需要进行替换，则可以选中整个文档，在任意位置单击鼠标右键，在弹出的快捷菜单中选择【更新域】命令。

图 5-8　更新域

使用交叉引用功能，便说明这些材料都将以域的形式被插入文档中。

使用域的优点在于，插入的内容如日期、页码、图形等，只要稍有更改，Word 都将自动更新，不需要再一个个地手动修改。

小贴士

如果在更新的过程中，看到"错误！未定义书签"或"错误！找不到引用源"的字样，则表示交叉引用的项目并不在文档内。

5.2.2　宏

1. 什么是宏

宏是将单个命令组合在一起以自动完成任务的一系列命令和指令。在撰写文档的过程中，若遇到某些需要反复进行的操作，则可以将多个步骤捆绑到一个宏中，利用宏自动执行该任务。

简单来说，宏的存在能节省不少花费在重复排版上的时间，使日常工作变得更容易。

2. 创建和运行宏

面对需要重复操作的问题，都可以通过录制一个简单的宏，再单击快速访问工具栏上的按钮或按键组合，来运行该宏。

创建与运行宏的方法有很多种，读者可以在实践之后，从中选择最适合自己的设置方式。

（1）将宏指定到按钮。

①选择【视图】选项卡，单击【宏—录制宏】命令。在弹出的【录制宏】对话框中输入宏的名称，若要在创建的所有新文档中使用此宏，则在【将宏保存在】下拉列表中选择【所有文档(Normal.dotm)】选项，如图 5-9 所示。

图 5-9　录制宏的界面

②单击【按钮】图标，弹出【Word 选项】对话框，单击左侧的【Normal. NewMacros. 宏 1】，依次单击【添加】、【修改】按钮。

在弹出的【修改按钮】对话框中选择喜欢的按钮图像，输入【显示名称】，单击两次【确定】按钮，便可以开始录制步骤了，如图 5-10 所示。

③ Word 将会记录用户的每一步单击和输入动作，完成后在【视图】选项卡的【宏】下拉列表中选择【停止录制】或【暂停录制】命令，新的宏就创建好了。

在进行大量重复的操作时，直接单击快速访问工具栏中先前设置过的宏的按钮，就可以将操作快速"复刻"。

图 5-10　修改按钮

批量操作过后，在快速访问工具栏中该宏的按钮上单击鼠标右键，在弹出的快捷菜单中选择【从快速访问工具栏中删除】命令，即可将按钮从快速访问工具栏中删除。

（2）将宏指定到键盘快捷方式。

打开【录制宏】对话框及录制宏的操作步骤与前一种方法基本相同，区别在于这次在【录制宏】对话框中单击【键盘】图标。

弹出【自定义键盘】对话框，在【请按新快捷键】文本框中，为此次操作设置一个快捷键，如图 5-11 所示。

要注意检查所使用的快捷键是否存在热键冲突的情况，如果已被指定，请尝试其他的组合键。

若想把这个键盘快捷方式仅运用在当前的文档，则可以在【将更改保存在】下拉列表中选择另一项。

单击【指定】按钮和【关闭】按钮，便可以开始录制了，此后若想要运行新宏，按相应的键盘快捷键即可。

图 5-11　自定义宏的快捷键

无论是选择【按钮】还是【键盘】，在录制宏时，Word 都不会记录鼠标所做的操作。例如，当你想移动插入点，或通过单击、拖动的方式来选定、复制、移动项目时，必须要用键盘来记录这些动作。

（3）运行宏。

运行宏的方法除了利用快速访问工具栏上的按钮，以及按键盘上的快捷键，还可以从【宏】对话框中运行宏。

选择【视图】选项卡，单击【宏—查看宏】命令，弹出【宏】对话框。在【宏名】下面的列表中，选择要运行的宏，然后单击【运行】按钮，如图 5-12 所示。

在【宏】对话框中，还有【管理器】功能，若要在所有文档中，使用从某一个文档录制的宏，则可以使用该功能，将宏添加到 Normal.dotm 模板。

单击【管理器】按钮，弹出【管理器】对话框，在【Normal.dotm 中】文本框中选择该宏，单击【复制】按钮，再单击【关闭】按钮，如图 5-13 所示。

图 5-12　运行宏

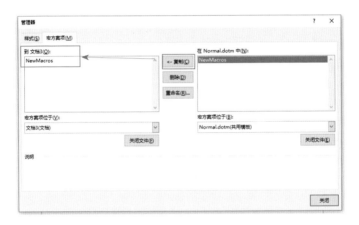

图 5-13　在所有文档中使用某个宏

5.3　论文排版

1. 排版思维及页面设置

论文排版的顺序和书写的顺序不完全相同。论文排版主要包括：前置部分（封面、诚信书、致谢、摘要及目录）、正文、参考文献和附录。

> **小贴士**
>
> 较为高效的排版方法是，在书写的过程中完成正文的排版。然后进行参考文献、附录的排版，最后添加前置部分，即封面、目录等。

在调整文本之前，一定要先做好页面设置，按照要求设置好纸张大小和页边距，然后进行正文排版。

设置纸张大小和页边距的方法如下。

（1）在【布局】选项卡中，单击【纸张大小】命令，在下拉列表中选择目标格式纸。

（2）单击【页边距】命令，在下拉列表中设置一个符合标准的页边距，或者选择【自定义页边距】命令进行设置。

> **小贴士**
>
> 选择【自定义页边距】命令后，会弹出【页面设置】对话框，在【页码范围】下的【多页】下拉列表中选择【对称页边距】命令。

2. 封面

可以利用表格来制作论文封面。

（1）在【插入】选项卡中，单击【表格】命令，在弹出的下拉列表中选择"5行1列"的表格，其中，第4列设置为2列。

（2）将鼠标光标放置于第4行，在【表格工具】选项卡的子选项卡【布局】中找到【合并】组，单击【拆分单元格】命令，在弹出的【拆分单元格】对话框中，将参数调整为"2列1行"，如图5-14所示。

（3）按照论文接收方要求的封面格式输入内容，包括学校Logo、论文标题、个人信息和日期等。

（4）按照要求调整字体、字号等，并通过调整表格的对齐方式，以及拖曳边框来进行排版。

（5）去掉表格的所有框线，全选表格，然后在【表格工具】选项卡的【设计】子选项卡中，单击【边框】命令，在下拉列表中，选择【无框线】命令，如此一个封面就完成了，如图5-15所示。

图 5-14　拆分单元格

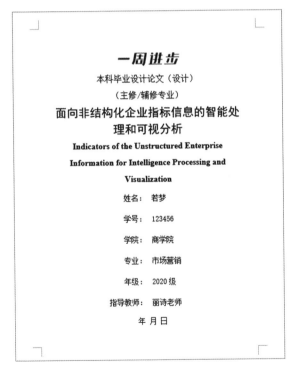

图 5-15　论文封面

3. 页码和目录

根据要求，正文、参考文献、附录部分用阿拉伯数字连续编码并居中，前置部分用罗马数字单独连续编码，并居中（封面除外）。

（1）设置前置部分。

双击页眉的位置进入页眉 / 页脚编辑状态，在【页眉和页脚工具】选项卡中，单击【页码】命令，在下拉列表中，单击【页面底端—普通数字 2】命令为当前节插入页码，如图 5-16 所示。

图 5-16

插入页码后，删除页码处多余的段落标记。否则多出来的段落标记会占据一行的位置。

选中页码，单击鼠标右键，在弹出的快捷菜单中单击【设置页码格式】命令，在弹出的【页码格式】对话框中，将【编号格式】修改为罗马数字，并将【起始页码】修改为 1，如图 5-17 所示。

图 5-17　【页码格式】对话框

接下来，我们执行一次添加分节符的命令。

退出页眉 / 页脚编辑模式，在前置部分的末端，单击【布局】选项卡中的【分隔符】命令，在下拉列表中找到【分节符】，单击【下一页】命令来进行分节。

 小贴士

此处如此操作是因为接下来的目录部分不要求有页码。

在刚插入的分节符后插入目录，单击【引用】选项卡中的【目录】命令，在下拉列表中选择【自动目录 1】/【自动目录 2】命令，插入目录，将鼠标光标放置在目录框外，再次执行添加分节符的操作。

此时，目录的前后各有一个分节符，但是我们发现目录和正文的页码都是不对的。我们可以进行如下操作。

首先，双击页面底部进入页眉/页脚编辑模式，将鼠标光标放置于目录所在节。

然后，在【页眉和页脚】选项卡中，找到【导航】组，单击【链接到前一节】命令。

最后，选中该节的页码将其删除。

💡 **小贴士**

如此，当前节的页眉/页脚设置才不会对前一节造成影响。

（2）设置正文部分。

将光标移动到下一节，即正文部分，在【页眉和页脚】选项卡中，找到【导航】组，单击【链接到前一节】命令，取消对前一节的链接。

选择【插入】选项卡中的【页码】命令，在下拉列表中选择合适的页码样式。选中页码，单击鼠标右键，在弹出的快捷菜单中单击【设置页码格式】命令，在弹出的【页码格式】对话框中将编号格式设置为阿拉伯数字，将【起始页码】设置为 1。

（3）调整目录。

此时，前置部分与正文的页码都已经按照排版要求设置好了，接下来要对目录进行相应调整。

选择目录，单击鼠标右键，在弹出的快捷菜单中单击【更新域】命令，在弹出的对话框中选择【只更新页码】/【更新整个目录】命令，如此目录中的页码就正确了。

最后，我们根据排版的要求设置"目录"二字的格式。

4. 设置段落样式

（1）创建标题样式。

在文档中选中一级标题，在【开始】选项卡的【样式】组中，鼠标右键单击【标题 1】，在弹出的快捷菜单中单击【修改】命令，弹出【修改样式】对话框，如图 5-18 所示。

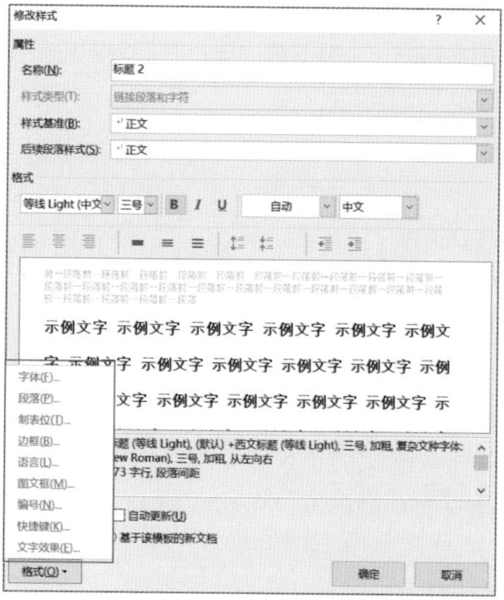

图 5-18 【修改样式】对话框

在【修改样式】对话框中，根据论文格式要求，逐一对字体、段落、制表位、边框等格式进行调整，完毕后单击对话框下方的【确定】按钮。

此时，我们可以发现正文中的一级标题样式已设置完成。

我们还可以先修改文本本身样式，然后在【样式】组中，鼠标右击想要修改的标题/正文样式，在弹出的快捷菜单中选择【更新已匹配所选内容】命令。

重复以上步骤，将标题 2、标题 3，以及正文的样式都调整好。

（2）标题样式的应用与清除。

下面介绍一下应用标题样式的 3 种方法。

方法一：

应用样式很简单，鼠标光标放在段落内，单击【样式】组中相应的样式即可直接套用。

方法二：

按住【Ctrl】键选中所有的一级标题，单击设置好的【标题 1】样式，一级标题的格式就设置完成了。再以相同操作设置二级标题、三级标题，以及正文。

方法三：

在【样式】组中，鼠标右键单击已经设置好的标题样式，在弹出的快捷菜单中选择【修改】命令，弹出【修改样式】对话框，单击【格式】按钮，选择【快捷键】命令，弹出【自定义键盘】对话框（见图 5-19），在【请按新快捷键】文本框中，按下自己想设置的快捷键，单击【确定】按钮退出。

图 5-19　设置快捷键

选择想要修改的文本，按下自己设置的快捷键，文本格式即可被修改，快捷键是一个十分好用、高效的方法。

> **小贴士**
>
> 为了避免和其他快捷键冲突，建议设置为【Ctrl+Alt+ 数字】。

若想要删除标题样式，则可以在【样式】组中，鼠标右击想要删除的标题样式，在弹出的快捷菜单中选择【从样式库中删除】命令，即可删除标题样式。

5. 多级列表——实现章节标题自动编号

多级列表与编号类似，但子级编号继承父级编号（例：1 → 1.1 → 1.1.1），多级列表的运用应该和样式结合起来。

在【开始】选项卡中，单击【多级列表】图标，在下拉列表中选择【定义新的多级列表】。在弹出的【定义新多级列表】对话框中单击【更多】按钮，在【将级别链接到样式】的下拉列表中选择多级列表样式（以级别 1—标题 1、级别

2—标题 2 为例，一般设置 4 个级别），如图 5-20 所示。

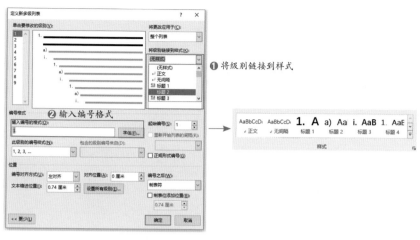

图 5-20　设置多级列表

如果需要其他样式的编号格式，则重复上述操作，在【定义新多级列表】对话框中，输入编号格式（见图 5-20），即可修改多级列表样式。

需要注意，修改时不能删掉灰色的区域，灰色区域是一个域代码，只有域代码才能自动变更。

如果不小心删掉了灰色区域，则在【定义新多级列表】对话框的【此级别的编号样式】的下拉列表中，选择样式重新调用，不能手动输入。

小贴士

因为多级列表是子级继承父级，所以重新添加时，要先添加前面的所有编号，最后才选择本级别的编号样式。

6. 导航窗格

Word 导航窗格能够帮助用户快速找到每个章节，清晰地看到每个章节的分类。在写作长篇文档时，可以帮助用户时刻保持思路清晰。

（1）打开导航窗格。

在【视图】选项卡的【显示】组中，勾选【导航窗格】复选框即可开启。直接按下快捷键【Ctrl + F】也可以快速开启导航窗格。

小贴士

开启此功能需要设置好标题样式。

（2）移动或重新组合文档。

如果想重新移动或组合文档结构，则在导航窗格中直接选中标题，用鼠标将其拖动到合适位置即可。

（3）降级或升级标题。

如果想给标题升级或降级，则选中标题，单击鼠标右键，在弹出的快捷菜单中选择【升级】或【降级】命令，即可实现目标效果。

（4）删除标题及相对应的内容。

若想删除某个标题内容，则可以选中标题，单击鼠标右键，在弹出的快捷菜单中选择【删除】命令。

（5）减少显示标题的级别。

如果觉得文档中的标题级别太多，想要减少其数量，则可以选中标题，单击鼠标右键，在弹出的快捷菜单中选择【显示标题级别】命令，之后选择相应命令即可减少数量。

7. 添加图片、表格、公式的题注

题注就是给图片、表格、公式等项目添加自动编号和名称。如果手动给图片、表格、公式等编号，则有以下两个缺点。

- 删除时相应的编号不会随之删除。
- 如果图片 / 表格 / 公式很多，那么在中间增加或删除图片 / 表格 / 公式时，其他的编号也要修改。

题注可以自动按照设置编排序号，还可以实现编号的自动更新，不用担心删减与移动会使编号混乱。

（1）插入题注。

①选中图片 / 表格 / 公式，在【引用】选项卡中，单击【插入题注】命令，在弹出的【题注】对话框中，修改题注的名称、创建和选择标签、选择题注位置、设置编号等，如图 5-21 所示。

②在【标签】下拉列表中选择合适的标签。如果没有找到合适的标签，则可以单击【新建标签】按钮来创建合适的标签。

③选择题注放置的位置，一般图片题注放在下方，表格题注放在上方，但是也有例外，要根据排版要求灵活设置。

图 5-21　【题注】对话框

④单击【编号】按钮，弹出【题注编号】对话框，设置编号的格式，单击【确定】按钮。

小贴士

【题注编号】对话框中可以选择是否勾选【包含章节号】复选框，建议根据需要进行选择。其中，【包含章节号】只有在文章包含章节的情况下才能生效，否则会出现错误。

如果出现无法输入中文题注标题的情况，则可以在其他地方复制后再粘贴，也可以直接单击【确定】按钮后在文档中手动输入。

（2）题注的更新。

题注的更新有以下两种方法。

①在两个图片 / 表格 / 公式中间插入新的项目时，题注编号会自动修改。

②删除含有题注的图片 / 表格 / 公式（与题注一块删除）后，可以选中当前页的图片 / 表格 / 公式或全选文档，然后按【F9】键进行手动更新。

（3）交叉引用。

在正文中需要提到目标图片 / 表格 / 公式的位置时，可以插入一个【交叉引用】代替手工录入，操作方法如下。

①把鼠标光标放在需要插入引用内容的位置，在【引用】选项卡的【题注】组中，单击【交叉引用】命令。弹出【交叉引用】对话框，在【引用类型】中选择所需内容类型，如图 5-22 所示。

②在下方【引用哪一个题注中】文本框中，会列出文中所有的该类型的题注内容，单击选择所需项目即可。

③在【引用内容】中，有【整项题注】、【仅标签和编号】、【只有题注文本】、【页码】和【见上方／见下方】共 5 个选项，具体展现形式如图 5-23 所示。

选择【整项题注】：表 1 交叉引用窗口
选择【仅标签和编号】：表 1
选择【只有题注文字】：交叉引用窗口
选择【页码】：2
选择【见上方/见下方】：above（智能判断图片位置）

图 5-22　【交叉引用】对话框　　　　　图 5-23　引用内容

关于交叉引用的操作将在 5.4.1 节详细介绍。

8. 论文写作——脚注和尾注

在写论文或长文档时，通常需要对文章中的一些词语进行解释，此时 Word 中的注释功能就派上了用场。

- 脚注：默认情况下，位于文章页面的底端，是对当前页面中的某些指定内容的补充说明。
- 尾注：默认情况下，位于文档的末尾，是对文本的补充说明，列出在正文中标记的引文的出处等内容。尾注由两个关联的部分组成，包括注释引用标记和其对应的注释文本。

（1）插入脚注。

方法一：

将鼠标光标定位于 Word 文档中将要插入脚注的位置，在【引用】选项卡中，单击【插入脚注】命令。此时，在该文本处就自动插入了一个上标"1"，光标自动跳到页面底部。页面底部出现一条横线和一个"1"，把脚注内容复制到这里，或直接输入脚注内容。

方法二：

按下快捷键【Alt + Ctrl + F】可快速添加脚注。

> 💡 **小贴士**
>
> 尾注与脚注的添加，除了在文档中的位置有所不同，其操作方法基本相同。
>
> 设置脚注的字体和字号与设置普通文本的方法一样，选中要设置的文本，单击鼠标右键，在弹出的快捷菜单中单击【字体】命令，在弹出的【字体】对话框中进行设置，不再赘述。
>
> 插入脚注后，将鼠标光标放于脚注的上方，将显示补充说明的内容。
>
> 如果文档中添加了多个脚注，数字编号将以 1，2，3…进行标记。

（2）脚注 / 尾注切换。

单击【引用】选项卡中的【下一条脚注】命令，在下拉列表中还有【上一条脚注】【上一条尾注】和【下一条尾注】选项，如图 5-24 所示。

【下一条脚注】和【上一条脚注】用于在脚注之间切换，【上一条尾注】和【下一条尾注】用于在尾注之间切换。

图 5-24　下一条脚注

为了整体文档的美观度，有时需要将脚注自动转化为尾注。

单击【引用】选项卡【脚注】组的对话框启动器图标 ⤵，在弹出的【脚注和尾注】对话框中，单击【转换】按钮，弹出【转换注释】对话框，选择要转换的范围，单击【确定】按钮，即可实现二者的转换，如图 5-25 所示。

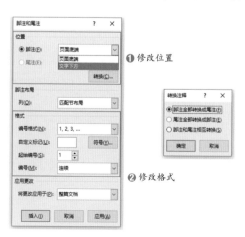

图 5-25　【脚注和尾注】对话框

（3）设置脚注和尾注的格式。

默认情况下，脚注位于文章页面的底端，而尾注位于文档的末尾，但它们的位置及其编号方式都可以自定义设置。

①自定义设置脚注和尾注的位置。

在【引用】选项卡的【脚注】组中，单击右下角的对话框启动器图标 。在弹出的【脚注和尾注】对话框中（见图 5-25），分别选择【脚注】或【尾注】单选项，在右侧的下拉列表中可以选择脚注和尾注的位置。

💡 **小贴士**

如果已在文档中插入了脚注，则可以直接利用鼠标拖动脚注引用标记来改变脚注的位置。

②改变脚注和尾注的编号方式。

在【脚注和尾注】的对话框中（见图 5-25），除了可以改变脚注和尾注的位置，还可以设置脚注和尾注的编号方式。

在【格式】区域中，单击【编号格式】下拉列表，选择喜欢的编号样式。

（4）删除脚注。

删除脚注有以下两种方法。

方法一：

将鼠标光标定位到页面中要删除的脚注的序号（1，2，3 等）前，按两次【Delete】键，脚注将会被删除。

方法二：

将鼠标光标定位到页面中要删除的脚注的序号（1，2，3 等）后，按两次退格键【Backspace】，脚注将被删除。

💡 **小贴士**

不要直接删除文档最后的尾注。即使把尾注全部删除了，页面中尾注的序号（1，2，3…）仍然存在。所以应当删除页面中尾注的序号（1，2，3…），这样才能把尾注全部删除。

5.4　合同排版

相比论文排版，合同的排版流程较为简单，虽然由于行业、岗位的差异，文件的内容有所不同，但合同的结构基本类似。

合同排版中的一些棘手问题，也可以通过本节的学习得到解决或规避，继而提高你的工作效率。

1. 快速添加下画线

为了在使用纸质版合同时方便填写，有些地方需要添加下画线。

仅凭键盘的输入和 Word 中的下画线功能来完成这项操作，显然不符合高效工作的追求。

而在本书 4.1.2 节中所提到的制表位功能，不仅可以帮助我们实现快速添加下画线，还能够根据实际情况，轻松更改其长度。

首先，选中需要添加下画线的内容，单击鼠标右键，在弹出的快捷菜单中单击【段落】命令。

然后，在弹出的【段落】对话框中单击【制表位】按钮，弹出【制表位】对话框，在【制表位位置】文本框中，确定下画线的长度，如 40 字符。

最后，在【对齐方式】下，选择【右对齐】单选项，【引导符】选择为 4 号下画线，设置完成后，单击【确定】按钮，如图 5-26 所示。

图 5-26　制表位参数设置

小贴士

【制表位位置】下的字符允许进行多次设置，以便用户在编辑不同的合约内容时，选择合适的下画线长度。

在输入其他参数后，单击【设置】按钮即将参数保存，你也可以单击【全部清除】按钮，重新调整制表位的位置。

关闭【制表位】对话框，返回到文档页面后，将光标停留在每一段文本的结尾处，按下【Tab】键，就能够快速生成下画线了。

如果对下画线的长度不太满意，也无须再一次打开对话框来修改里面的参数。只需选中已经添加下画线的内容，使用鼠标拖动标尺内的制表符，即可直接调整下画线的长度，如图 5-27 所示。

图 5-27　移动制表符

2. 批量替换下画线

除了合同的开头，在正文部分，一般也存在很多需要添加下画线的地方。但是每一处信息后面应该预留的下画线长度并不是固定的，无法用上述所说的制表位功能解决。遇到这种情况，我们便可以借助强大的查找和替换功能，从下列两种方法里，选择适合自己的操作，批量替换下画线，节省时间，化繁为简。

方法一：

（1）用空格暂时代替文本信息，等正文内容全部完成以后，按下快捷键【Ctrl + H】，打开【查找和替换】对话框。在【查找内容】文本框中，输入"{2,}"，单击【更多】按钮并勾选【使用通配符】复选框。

（2）单击【替换为】文本框，单击【格式】按钮，选择【字体】选项，弹出【查找字体】对话框，在【下画线线型】一栏内，选择一种下画线（见图 5-28）。

（3）单击【确定】和【全部替换】按钮，就可以一次性将所有的空格，都替换为自定义的下画线了。

图 5-28　空格替换下画线操作

方法二：

设置好统一的文本格式，在下画线处提前输入文本信息，然后进行替换操作。我们以图 5-29 中的格式为例进行介绍。

（1）正文内容全部完成后，按下快捷键【Ctrl + H】，打开【查找和替换】对话框。

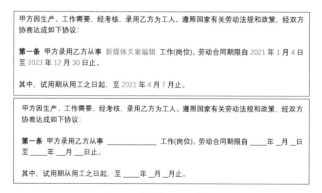

图 5-29　格式替换下画线效果

（2）将【查找内容】文本框留空，单击【格式】中的【字体】命令，在【字体颜色】下拉列表中选择"橙色，个性色 2"，单击【确定】按钮。

（3）同样将【替换为】文本框留空，单击【格式】中的【字体】命令，设置字体颜色为白色，选择任意一种下画线线型，单击【确定】按钮。

这个方法的优点在于，可以确保预留的下画线长度不会过短或过长，整体排版看起来更简洁、精炼。

与此同时，当你需要制作一份已经录入了所有信息的电子版和一份提供给他人填写的纸质版文件时，使用这个方法，便能快速达到"一式两份"的效果。

小贴士

两种替换方法之间最大的区别就是是否勾选【使用通配符】复选框。在批量操作之前，一定要仔细检查。

3. 签章分栏

在合同的结尾，通常都会给甲方和乙方留有签字、盖章的区域。

我们可以按照上下分段的方式排版，或利用分栏符功能，使其呈现左右分栏的形式。

下面介绍具体如何操作。

（1）输入甲方和乙方两处内容，或先输入一边的文本，再通过复制、粘贴和稍加修改，完成另外一边的编辑。

（2）在上下分段排版的基础上，在【布局】选项卡的【页面设置】组中，单击【栏】命令。

（3）在弹出的下拉列表中，按照甲、乙双方的信息，设置为【两栏】，如图 5-30 所示。

图 5-30　设置签章左右分栏

4. 插入电子印章 / 签名

随着传统办公模式逐渐向信息化办公模式转变，纸质文书的流转形式也随之向电子文书的流转形式转变。电子印章早已不是职场新鲜事，但很多人未必能正确掌握它们的操作步骤，下面进行具体介绍。

（1）将鼠标光标悬停在需要盖章的位置。

（2）单击【插入】选项卡【插图】组中的【图片】命令，在下拉列表中选择【此设备】命令，即可插入预先准备好的电子印章图片。

（3）如果图片过大或者过小，则可以在按住鼠标左键的同时，拖动印章边框上任意一个角控点，对图片进行等比例缩放。

（4）调整到合适的大小后，单击鼠标右键，在弹出的快捷菜单中选择【环绕文字—衬于文字下方】命令，就能够让电子印章较为灵活地移动到我们想放置的地方了，如图 5-31 所示。

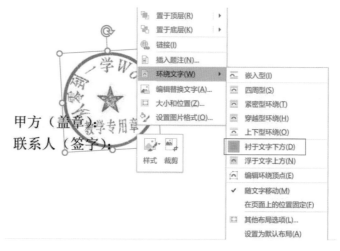

图 5-31　插入电子印章操作

如果想在合同中加入自己的手写签名，其操作步骤也是类似的。

（1）可以先在一张白纸上，写下自己的姓名，通过拍照或扫描的方式生成图片，将其插入 Word 文档中。

（2）选择【图片工具】选项卡的【格式】子选项卡，单击【调整】组中的【颜色】命令。

（3）根据背景颜色，从下拉列表中选择最佳的去色效果，仅保留清晰的手写字迹，如图 5-32 所示。

图 5-32 插入电子签名操作

第6章

学会这些功能，再也不怕多人协作

6.1　掌握语言功能，翻译朗读一招搞定

6.1.1　朗读

在不少人的认知中，Word 的作用与记事本并没有太大差别，只是对内容的记录，因此只需要了解最基础的功能即可。而对不少"重度"Word 使用者来说，想要发现 Word 的朗读功能也绝非易事，也有人会觉得朗读功能简直是鸡肋，取之无用，弃之可惜。

然而，每一项功能的开发都有其发挥作用之处，关键在于使用场景和方法。试想一下，如果你收到了一份来自合作方的密密麻麻的纯英文文档，怎么能够快速完成文档的浏览和检查呢？相较于一字一词地进行检查，使用 Word 的朗读功能更有助于提高效率。

"朗读"是 Office 更新的内置功能之一，在 Word、OutLook、PowerPoint 和 OneNote 中都能够直接使用。具体操作步骤如下。

打开需要朗读的文档，找到【审阅】选项卡，单击【语音】组中的【大声朗读】命令，在未对文档内容进行选择的情况下，Word 将默认从文档开头朗读至结尾处，如图 6-1 所示。

当鼠标单击文档中任何一处内容时，或者选择了目标文章，则单击【大声朗读】命令，Word 将会从该处朗读至文档结尾。

图 6-1　大声朗读

开始朗读之后，页面中会出现朗读控制图标，最重要的是图 6-2 中左侧的 3 个图标，经常使用音乐播放器的读者肯定对这些图标的功能不会陌生，在 Word 中，这些图标的作用也是类似的。

当朗读至段落中间位置的内容时，单击最左侧的【上一个】图标，将由当前朗读位置跳转至该段段首，若再次单击则跳转至上一段；与之相对应的则是形状一致方向相反的【下一个】图标，单击后将跳转至下一段落，【上一个】和【下一个】中间的图标用于控制播放和暂停，如图 6-2 所示。

图 6-2　朗读控制图标

为了满足更多关于朗读的需求，微软还贴心地开发了【设置】功能，单击【设置】图标，不仅可以调整朗读速度，还可以选择不同的语音包，体验不同"朗读者"带来的听读体验，如图 6-3 所示。

图 6-3　播放设置

掌握朗读功能之后，相信你对它的用途已经有了更加具体的了解和设想，运用好这个功能，相当于拥有了一本字典，哪怕遇到了完全陌生的单词或者汉字，也可以在不借助第三方工具的情况下快速了解发音。

6.1.2　翻译

尽管朗读功能在我们处理英文文档这件事情上已经提供了极大的便利，但问题在于，哪怕我们掌握了文档中所有词汇的发音，也并不意味着我们能够完全明白所有词汇的释义。

一旦理解出现偏差，结果可能谬以千里。为了避免这种情况的发生，充分理解文档的意义至关重要，此时大部分的读者也许会借助各种翻译网站或者翻译软件。

不过，这是常规的做法，但并不是最高效的做法，因为 Word 已经自带翻译功能。

1. 翻译功能的基础操作

使用 Word 翻译功能可以快速对指定内容或者整篇文档进行翻译，并且可以在多种语言之间互相切换。

下面介绍具体操作步骤。

（1）在【审阅】选项卡中单击【翻译】命令，在下拉列表中可以看到更多具体的翻译命令（不同版本的翻译命令可能存在细微差别），在此处可以选择对部分内容或对整篇文档的内容进行翻译，如图 6-4 所示。

（2）单击【翻译所选内容】或【翻译文档】命令，Word 右侧将会弹出【翻译工具】面板，以便我们调整翻译内容的具体参数，如图 6-5 所示。

图 6-4　翻译命令

图 6-5　【翻译工具】面板

（3）【翻译工具】面板分为【选择】和【文档】两个界面，二者的区别在于翻译范围的选择。在【选择】界面中，Word 会自动识别鼠标选择的区域语言并翻译成目标语言。翻译完成之后，单击【插入】按钮即可将结果插入文档中。

需要注意的是，当文档中有内容处于选中状态时，单击【插入】按钮会将结果替换为选中区域的内容。

若是仅仅想要插入翻译结果而非替换原文，可以首先使用鼠标单击文档中的其他位置，那么结果将会插入鼠标单击后的位置，如图 6-6 所示。

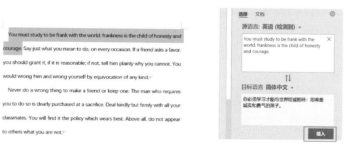

图 6-6　自动识别选中区域并翻译为目标语言

（4）在【文档】界面中单击【翻译】命令后，Word 会将翻译后的内容生成副本文件，并在翻译完成后自动跳转至翻译的文档，以便直观地查看结果和保存，如图 6-7 所示。

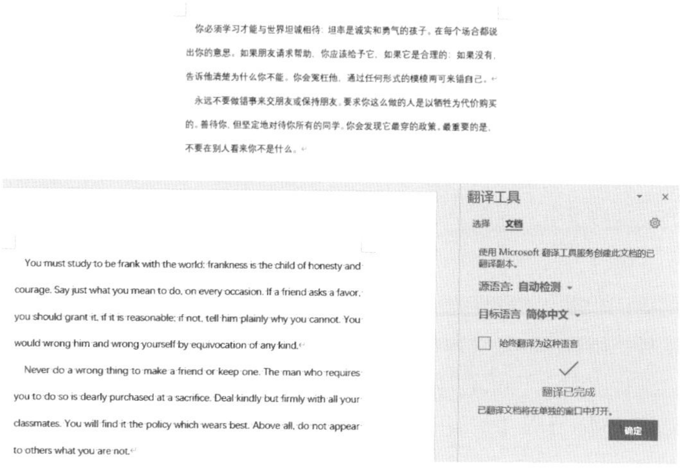

图 6-7　生成单独的翻译文档且提示翻译完成

2. 其他设置

除了中英文互译，Word 还能实现多种不同语言之间的切换翻译，如法语、日语，甚至粤语。如果需要切换为其他语言，在【翻译工具】面板中，单击【源语言】和【目标语言】旁边的下拉箭头，即可在语言库中任意选择，如图 6-8 所示。

如果你足够细心，也许还会发现，【选择】界面中的【源语言】框和【目标语言】框之间有一个双向箭头的标志，这代表可以将源语言和目标语言的内容进行调换，如图 6-9 所示。

在对内容进行调换时，Word 还能根据相应的内容选择更加贴切的翻译结果，因此还可以尝试通过这个方法，进一步调整和规范文档的表达。

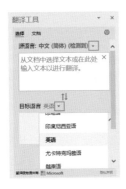

图 6-8　选择不同的翻译语言　　图 6-9　调换源语言和目标语言

谈及规范表达，很多时候如何选择词汇是造成困扰的关键，尤其是将中文翻译为英文时，比如，上级要求以全英文文档给合作方回复时，如果词汇量不够，那么内容极可能显得单调且重复。

Word 的翻译功能不仅能够协助我们完成"翻译"这件事情，还可以将它视为一个万能的搜索引擎或者一部实用便捷的词典。

当我们在【源语言】框中选择目标内容后，下方的【目标语言】框会自动呈现翻译结果。此时，将鼠标光标移动至【源语言】或者【目标语言】框中的任意一个词汇处，相对应的原文内容和翻译结果则会高亮显示。【翻译工具】面板最下方也会提供该词汇不同词性的单词，鼠标光标移动至下方提供的单词上方时，还可以选择【复制】及【扩展显示示例】图标，如图 6-10 所示。

图 6-10　针对单个词汇的翻译

　　当然，通过鼠标高亮部分词汇进行翻译的功能也并非十全十美，它的局限性在于 Word 未必能够精准识别字词之间的连接，从而导致翻译结果存在误差。校正的方式十分简单，通过鼠标进行选择即可解决，如图 6-11 所示。

图 6-11　调整 Word 对字词连接的识别

在掌握翻译功能的操作之后，如果你需要额外为此功能添加限制，单击【审阅】选项卡中的【翻译—翻译功能首选项】命令，或者在【翻译工具】面板中单击齿轮状的设置图标，都可以打开【翻译工具】下的【首选项】界面，从而根据实际情况和需求进一步调整功能的使用，如图 6-12 所示。

图 6-12　翻译功能首选项

不过，哪怕 Word 的翻译功能已经足够强大，也并不意味着我们可以完全依赖这项功能完成所有文档语言的转换，合理运用和仔细核对，才是提高效率的关键。

6.2　巧用批注功能，轻松审读各类文件

在多人协作时，如何能够高效地在文档中表达每个人的建议？或者文档中部分内容需要注释时，如何能够在不破坏文档结构的前提下添加注释？

批注功能可以很好地帮助你。和其他编辑方式不同，批注功能相当于在书籍的指定位置贴了一张便笺，并不会对原文档内容造成影响。

1. 批注功能的基础操作

在【审阅】选项卡的【批注】组中，默认状态下除了【新建批注】和【显示批注】命令，其他命令均为灰色不可选择状态，如图 6-13 所示。

图 6-13　【批注】组

使用鼠标选择需要添加批注的内容或者单击该处，然后单击【新建批注】命令，文档右侧将出现批注框，在其中输入注释或者修改意见即可。

添加完成后，将鼠标光标悬浮于批注框或者添加了批注的文本区域，此外，还可以看到批注的时间、批注者等具体信息，如图 6-14 所示。

公司简介：深圳市壹周传媒文化有限公司是一家专注于职场类办公技能教育培训的企业，主要从事在线软件技能培训业务，研发了包括 OFFICE、PS、视频剪辑在内的多门软件技能教程训练营。

旗下教育平台"一周进步"，致力于打造线上软件技能自我提升的学习生态圈，每年帮助百万学员从容迈入职场，提升职场核心竞争力与自我价值。全网粉丝数累计100多万，在公众号、微博、抖音、B 站等平台均具备一定影响力，2017 年成为微软教育行业合作伙伴，目前公司储于快速发展中，估值近亿元。

图 6-14　添加批注

单击批注框，还可以对批注的内容进行【答复】或者【解决】。当选择【答复】时，批注框将会以对话的形式进行延展，如图 6-15 所示。

图 6-15　回复批注

当选择【解决】时，当前批注框及文本则切换为灰色状态，表示处理完成。如果情况发生变化需要再次调整说明，则单击【重新打开】命令，回复当前批注，如图 6-16 所示。

图 6-16　解决批注及重新打开

如果文档中有多处批注，则单击【审阅】选项卡中的【上一条】或【下一条】命令，可以快速跳转查看不同位置的批注内容。

同时，若是需要隐藏或者开启文档中的批注，则可以单击【显示批注】命令。【显示批注】命令为高亮状态，则意味着显示文档中的所有批注，反之则为隐藏。

当文档中的批注为隐藏状态时，已经添加了批注的内容旁会出现气泡形式的标志，鼠标光标悬浮于该标志上可以查看添加批注的具体区域，单击则可以查看完整内容，如图 6-17 所示。

图 6-17　查看不显示的批注

2. 删除批注

新建批注后，有什么方式可以删除批注呢？

选择想要删除的批注框，单击鼠标右键，在弹出的快捷菜单中选择【删除批注】命令。还可以在【审阅】选项卡的【删除】下拉列表中，选择删除指定批注或者文档中所有批注，如图 6-18 所示。

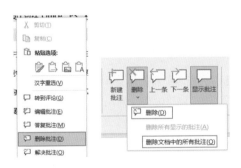

图 6-18　删除批注

3. 注意事项

在新建批注时，有的读者可能会遇到一些问题，例如，Word 中的批注者并不正确，导致接收文档的其他人无法快速区分不同批注者的身份信息。

为了避免此类情况发生，在新建批注之前，可以选择【文件—选项】命令，在弹出的【Word 选项】对话框中选择【常规】，将默认用户名修改为正确的个人信息后保存（见图 6-19）。不过，如果在修改个人信息前已经新建了批注，那么 Word 将会视为这是两位不同的用户批注的。

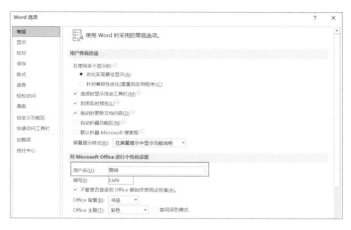

图 6-19　修改用户名

6.3　学会文档修订，修改内容一目了然

6.3.1　修订

在撰写论文或者工作中交接文档时，对文档进行大幅修改之后，却忘记了哪些内容是调整后的，导致后续可能需要花费大量时间重新回顾。又或者是多人协作完成一份报告，但无法区分每个人的最终成果。

与添加批注相比，在文档中相应的位置直接进行修改，并且记录每一次修改的具体内容和人员，可以更加直观明确地对比修改前后的变化与分工，这个功能就是修订。

1. 修订功能

单击【审阅】选项卡中的【修订】命令，当图标为高亮状态即表明修订模式已开启，此时对文档所做出的所有操作都将会被跟踪记录，如图 6-19 所示。

保持修订状态，在文档中对内容进行增加、删除或者格式修改，可以明显看到页面发生了变化。

新增的内容会以不同的格式呈现，删除的内容自带删除线效果，并且所有格式均无法通过格式刷调整为与其他内容完全一致的样式，关于格式的调整则出现在右侧的批注框中，如图 6-20 所示。

图 6-20　修订功能

图 6-21　修订前与修订后

2. 自定义修订样式

将修订的内容格式与原文做出区分，是 Word 为了使我们能够更快地辨认差别而采取的默认设置。对希望保留修订痕迹但又不希望文档前后格式在修改过程中有明显差别的读者来说，可以在【修订】中自定义修订样式。

（1）单击【审阅】选项卡【修订】组右下角的对话框启动器图标，弹出【修订选项】对话框，单击【高级选项】按钮，如图 6-22 所示。

图 6-22　【修订选项】对话框

（2）弹出【高级修订选项】对话框，每一种修订都可以设置为不同的标记样式，如图 6-23 所示。

除此之外，在【颜色】下拉列表中，还能选择不同颜色或者【按作者】对每一项内容进行跟踪记录。当我们需要区分不同人员做出的修改时，【按作者】是一个不错的选项。

3.【所有标记】下拉箭头

完成了对标记的设置之后，在【修订】组中还可以看到不同的设置，使得我们能够根据自身的喜好和习惯调整标记的显示方式。

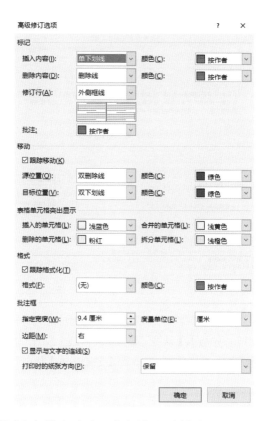

图6-23 【高级修订选项】对话框（注：软件图中"下划线"的正确写法应为"下画线"。）

单击【所有标记】下拉箭头，在列表中有4种不同的显示方式以供选择，分别是【简单标记】、【所有标记】、【无标记】、【原始版本】，如图6-24所示。

为了便于理解四者之间的区别，接下来我们将以图片的方式直接呈现每一种显示方式下页面的变化。

图6-24 标记显示方式

【简单标记】状态下，页面呈现修改后的效果，但是在修订内容的页面一侧有一条红色竖线提醒我们该处有内容被修订，单击红色竖线即可切换为【所有标记】状态，如图 6-25 所示。

【所有标记】状态，页面再次呈现不同格式效果的修订痕迹，单击页面一侧的灰色竖线，即可转换为【简单标记】状态，如图 6-26 所示。

图 6-25　简单标记

图 6-26　所有标记

【无标记】和【原始版本】从视觉效果上而言是一致的，但【无标记】状态的页面中，所有内容均为修订后的结果，而【原始版本】状态呈现的则是原文档内容。

尽管二者从格式上来看并不能直接看出修订痕迹，但所有修订记录均被保留，只要切换为【所有标记】状态，修订记录依然存在，如图 6-27 所示。

4.【显示标记】下拉箭头

Word 中不仅可以调整标记的整体显示方式，还可以选择究竟哪些修订记录以特殊格式呈现，或者按不同审阅者身份逐一查看修订内容。

单击【显示标记】下拉箭头，下拉列表中处于勾选状态的内容在【所有标记】状态下均以设置的格式呈现在页面中。

给中国高校的一封信

——请培养 21 世纪企业需要的人才

李开复

▲引言

自从 1998 年回到中国以来，我几乎走遍了中国所有知名大学的校园，和千百位工作在教学、科研第一线的院系领导、教授、讲师晤谈，通过演讲、座谈、网上论坛、电子邮件等不同方式与更多积极、热情的大学生们进行过充分的交流。无论我身处何处。

（页面中内容为修订后的结果）

·给中国高校的一封信

——请培养 21 世纪企业需要的人才

李开复

·引言

自从 1998 年回到中国以来，我几乎走遍了中国所有知名大学的校园，和千百位工作在教学、科研第一线的院系领导、教授、讲师晤谈，通过演讲、座谈、网上论坛、电子邮件等不同方式与更多积极、热情的大学生们进行过充分的交流。无论我身处微软亚洲研究院、微软总部还是 Google 中国工程研究院，洋溢在校园里的青春与活力总是让我倍感振奋，来自清华、北大等学校的高材生们总能令我所领导的团队在激情和智慧的交相作用下取得一个又一个的成功。

（页面中内容为原文档内容）

图 6-27 无标记与原始版本

单击【批注框】可以在选项中选择批注框的呈现方式，如果勾选【在批注框中显示修订】，那么对文档做出的所有修订痕迹均出现在右侧的批注框而非文档内容中，如图 6-28 和图 6-29 所示。

图 6-28 显示标记

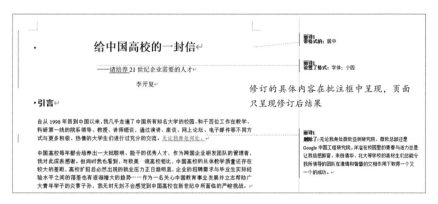

图 6-29　在批注框中显示修订内容

在【特定人员】中，同样可以通过勾选的方式查看部分或所有审阅者的修订内容，如图 6-30 所示。

图 6-30　特定人员

5.【审阅窗格】

关于修订还有最后一项设置——【审阅窗格】，选择【垂直审阅窗格】或【水平审阅窗格】命令（见图 6-31），可以总览文档修订情况，双击修订内容即可自动在页面中进行跳转，如图 6-32 和图 6-33 所示。

图 6-31　审阅窗格

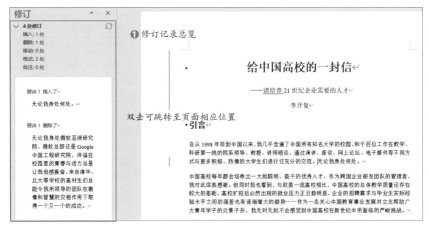

图6-32 垂直审阅窗格

图6-33 水平审阅窗格

6. 查阅修订内容

对文档的所有修订均已完成之后，在【审阅】选项卡的【更改】组中可以选择【接受】或【拒绝】文档中的修订，在相应的下拉列表中根据需求进行选择。

当对修订记录做出了接受或者拒绝的选择时，相应位置的修订标记也会清除。如果仅仅希望查看文档中的修订记录而非做出选择，单击【上一处】或【下一处】命令也能够实现修订记录的跳转，如图6-34所示。

在对修订记录做出接受或者拒绝的选择时，可以发现下拉列表中的【接受 / 拒绝所有显示的修订】命令为灰色不可选状态，若是我们需要保留 / 拒绝某位审阅者的修订记录时，此功能即可派上用场。

图 6-34　接受修订与拒绝修订

在【审阅】选项卡的【显示标记—特定人员】中勾选对应的审阅者，单击【接受】或【拒绝】下拉列表，【接受 / 拒绝所有显示的修订】命令恢复为可选择状态，此时即可根据实际情况进行下一步操作，如图 6-35 所示。

图 6-35　接受所有显示的修订

确认好所有修订记录之后，在保存退出文档之前，需要注意确认是否需要继续开启【修订】功能。如果【修订】功能开启状态下进行了保存操作，再次传输文档时，接收者一旦在文档中进行修改，所有操作痕迹也将被记录。

6.3.2　比较

如果说修订功能是防患于未然，在修改之前就做好了区分的准备。那么比较功能就可以称为事后补救，通过文件对比让所有修改的痕迹都无处遁形。

当然，比较功能使用的前提是同时保存了原始文档和修改后的文档，只有如此，Word 才能够进行二者之间的比较。

单击【审阅】选项卡中的【比较】命令，可以在下拉列表中看到【比较】和【合并】两个命令。【比较】功能显示的是两个文档的不同部分，【合并】则是将多位作者的修订部分在一个文档中组合，如图 6-36 所示。

单击【比较】命令，在弹出的【比较文档】对话框中分别选择需要进行比较的原始文档和修订后文档，单击文档框的下拉箭头，可以选择当前打开的文档，单击文件夹图标，即可在文件夹中选择目标文档，如图 6-37 所示。

图 6-36　比较功能　　　　　图 6-37　【比较文档】对话框

完成文档的选择之后，还可以在【修订的文档】区域中，在【将更改标记为】框中输入文档修改者名字。同时，单击对话框中的双向箭头可以调换文档位置。

默认状态下，Word 会对比文档中包括格式、空格、批注在内的所有内容，如果只想要了解指定内容的修订，在【比较文档】对话框中单击【更多】按钮即可展开【比较设置】和【显示修订】，对比较的内容进行选择，如图 6-38所示。

与此同时，在【修订的显示位置】中，可以选择在指定文档查看修订结果。

图 6-38　【比较文档】对话框的更多设置

如果选择在【新文档】中呈现结果，则在单击【确定】按钮后，Word 会自动生成新文档显示对比结果。结果文档主要分为修订、比较的文档、原始文档和修订的文档 4 个部分。

修订中为文档修订的类型、修订数量及具体的修订内容，比较的文档则是以修订标记显示的方式，综合呈现原文档和修订的文档中的内容。当滚动查看比较的文档时，右侧的原始文档和修订的文档中的内容也将随之滚动变化至同一位置，如图 6-39 所示。

图 6-39　文档显示对比结果

不过并非所有情况下都需要同时查看所有文档，在比较的文档中，还可以在【审阅】选项卡中单击【比较—显示源文档】命令，在列表中选择需要显示的文档即可，如图 6-40 所示。

图 6-40　显示源文档

第 7 章

不用 PDF 格式，照样能保护 Word 文档

7.1　不想别人看到内容？你可以这样做

对于比较隐私或者重要程度比较高的文档，我们并不想被除自己以外的其他任何人看到文档内容，这时应该怎么做呢？

仅仅为电脑设置密码是不够的，别忘了单独为文档加上第二重保护罩，以保证万无一失。

打开需要设置密码的文档，单击【文件—信息】命令，在【信息】界面中单击【保护文档—用密码进行加密】命令，如图 7-1 所示。

图 7-1　为文档设置密码

在弹出的【加密文档】对话框中输入两次密码后单击【确定】按钮，即可完成文档密码的设置，如图 7-2 所示。

需要注意的是，Word 文档的密码设置需要严格区分大小写，密码无法完全匹配的情况下无法打开文档。在设置密码时一定要记准确，以免无法打开文档，如图 7-3 所示。

图 7-2　输入密码

图 7-3　密码不完全匹配则无法打开文档

7.2 这样做，防止别人乱修改你的文档

尽管文档设置了打开密码，能够得到有效的保护，但是直接设置密码只是简单粗暴的"一刀切"方式，并不能适用于所有场景，因为更多时候文档的编辑离不开团队协作。

协作的文档如何才能规范编辑，尽可能少地受到他人影响？限制编辑功能即将派上用场。

7.2.1 他人可以查看，但不能编辑内容

首先，打开需要设置权限的文档，单击【审阅】选项卡中的【限制编辑】命令，在弹出的【限制编辑】面板中勾选【仅允许在文档中进行此类型的编辑】复选框，下方选择【不允许任何更改（只读）】，则意味着文档接收方只能阅读文档内容，但不能进行任何修改。

然后，单击【是，启动强制保护】命令，在弹出的【启动强制保护】对话框中输入两次同一密码即可，如图 7-4 所示。

在【启动强制保护】对话框中，如果不输入任何密码也可以单击【确定】按钮保存，在他人不知道如何停止保护的情况下依然无法对内容进行修改。

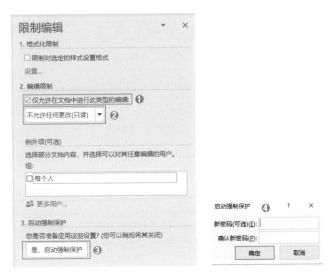

图 7-4 选择只读模式并输入密码

但显而易见的是，设置一个只有自己知道的密码才是最佳选择。

对文档启动强制保护之后，选项卡的大部分都为灰色不可选中和不可编辑状态，并且将鼠标光标置于文档中输入内容时，文档左下角会显示"由于所选内容已被锁定，您无法进行此更改"的提醒，这就能够有效保护文档当中的内容（见7-5）。

图 7-5　启动强制保护后无法进行编辑

通过以上方式启动强制保护之后，除了其他人无法编辑，自己也无法再对文档做出任何修改。

如果在启动强制保护后需要修改内容，则再次单击【审阅】选项卡中的【限制编辑】命令，在【限制编辑】面板中单击【停止保护】按钮，输入设置的密码即可解除限制。

若是启动保护时并未设置密码，那么停止保护时就无须输入密码，单击【停止保护】按钮即可解除，如图 7-6 所示。

图 7-6　停止保护

文档在启动强制保护后，他人无法对内容进行修改，但依旧可以复制文档内容。

7.2.2　他人可以部分编辑

如果文档需要协作，则需要为他人开通文档编辑权限，但又不能停止对其他内容的保护，这也就意味着我们需要开放部分文档内容的编辑权限。

在文档中选择允许被编辑修改的段落内容，单击【审阅】选项卡中的【限制编辑】命令，在允许只读模式的基础上勾选【限制编辑】下【例外项】中的【每个人】复选框，单击【是，启动强制保护】按钮，如图 7-7 所示。在弹出的【启动强制保护】对话框中输入密码，启动保护。

图 7-7　设置指定区域可编辑

启动限制编辑之后，原来文档中被选中的部分显示为黄色底纹背景，意味着这部分区域处于可编辑状态，无背景色的区域则不可编辑，如图 7-8 和图 7-9 所示。

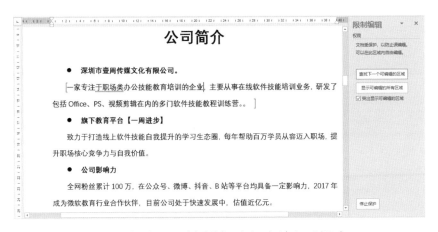

图 7-8　鼠标光标置于黄色背景色区域时，选项卡为可编辑状态

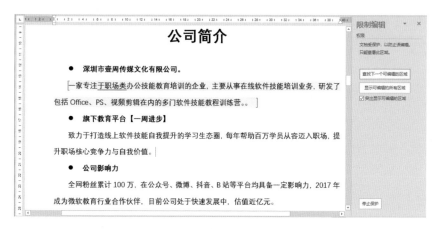

图 7-9　鼠标光标置于无背景色区域时，选项卡为不可编辑状态

当页面中黄色背景区域内容过于杂乱而影响文档编辑时，可以在【限制编辑】面板中取消勾选【突出显示可编辑的区域】复选框，通过上方的查找编辑区域实现编辑区域的定位和跳转，如图 7-10 所示。

Word 不仅可以限制他人对内容的编辑，还可以限制他人对文档修订和批注等内容的编辑。在【编辑限制】区域的下拉列表中，即可快速选择编辑类型，如图 7-11 所示。

图 7-10　取消突出显示　　　　　　图 7-11　选择限制编辑的类型

若是已经明确需要开通编辑权限的协作者，还可以在限制编辑时指定相应人员。重复以上设置只读模式的操作，单击【例外项】中的【更多用户】命令，在

弹出的【添加用户】对话框中输入指定用户名或者邮箱地址，输入多个信息时注意使用分号分隔，如图 7-12 所示。

完成信息输入后，单击【确定】按钮，关闭【添加用户】对话框。再次重复单击【是，启动强制保护】按钮，在弹出的【强制启动保护】对话框中输入密码。

图 7-12　设置指定用户可以编辑

7.2.3　他人可以修改内容，但不能修改格式

对他人开放编辑权限时，还需要注意文档格式的保护，以免在他人修改完毕后需要再次调整格式，增加无效的重复工作。

在【限制编辑】面板中勾选【限制对选定的样式设置格式】复选框，单击下方【设置】命令，在弹出的【格式化限制】对话框中会显示文档中的所有样式，取消勾选指定样式前的复选框，则样式库中只保留勾选的有效样式，不再呈现被取消的样式，如图 7-13 所示。

完成格式化限制的设置之后，单击【确定】按钮，Word 会弹出是否删除文档中被取消应用的格式或样式的弹窗提醒，如图 7-14 所示。

若单击【是】按钮，则文档中已经应用的相关样式将被清除，如，文档中的标题应用了"标题 1"样式，在【格式化限制】对话框中取消勾选了【标题 1】复选框并选择删除样式，则文档中的标题将自动替换为其他样式。

若单击【否】按钮，则已经应用的样式不发生变化，但重新编辑的内容无法应用该样式。

图 7-13　设置格式化限制

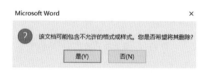

图 7-14　是否删除样式

7.2.4　他人可以查看，但编辑内容需要密码

如果文档的内容只对指定协作人开放所有权限，则可以在保存文档时设置修改密码，那么只有收到密码的人才能对文档进行编辑，否则只能以只读模式打开。

单击【文件—另存为】命令，在【另存为】界面单击文件路径，弹出【另存为】对话框，选择文件存放的本地位置，在对话框中单击【工具—常规选项】命令（见图 7-15）。

在弹出的【常规选项】对话框中的【修改文件时的密码】框中输入密码，单击【确定】按钮，弹出【确认密码】对话框，再次重复输入同一密码，如图 7-16所示。

图 7-15 【另存为】对话框

图 7-16 设置文档修改密码

正式保存文档之后再次打开，将会出现输入密码的对话框提醒，就能保证只有知道密码的人才能对文档进行修改，否则只能单击左下角【只读】按钮阅读文档，如图 7-17 所示。

单击【只读】按钮进入文档后，选项卡的命令都为可选状态，选择文档内容也可以进行增加、删除操作，这是怎么回事呢？

图 7-17 输入密码提醒

在只读模式下，其他人也可以修改文档内容，却无法直接对原文档进行保存，也只能为其创建副本，不影响原文档内容。

7.3　添加水印的 4 种方法

当文档内容具有一定的特殊性和专利性，或者需要以公司名义在不同场合中进行传播时，为文档添加水印是一个相对有效的保护方法。

7.3.1　添加文字水印

1. 操作方法

单击【设计】选项卡中的【水印】命令，可以在下拉列表中看到 Word 已经内置的几种水印样式，单击任意一种样式均可直接应用到当前文档中，如图 7-18 所示。

除了直接套用 Word 中的水印样式，还可以自定义水印的内容和样式。单击【水印—自定义水印】命令，如图 7-19 所示。

在弹出的【水印】对话框中选择【文字水印】，下方的区域内容会由灰色不可编辑状态转换为可编辑状态。

图 7-18　Word 内置的文本水印样式

图 7-19　自定义文本水印

在水印的编辑区域中，可以进一步设置语言、文本、字体、字号等相关选项，【文字】框中输入的内容即为水印内容，简单设置之后单击【应用】按钮，页面中会添加当前设置的水印效果以供预览。如果没有达到预期，则直接在对话框中重新进行修改，直至满意后单击【确定】按钮正式应用，如图 7-20 所示。

图 7-20　编辑文本水印内容

水印的设置不仅是应用于当前的文档页面，创建水印后新建的页面也会自动添加水印效果，如图 7-21 所示。

图 7-21　文档中所有页面都会应用水印样式

2. 调整大小

创建水印时，很可能遇到的一个问题是：

如何快速将水印调整为合适大小？

尽管直接选择字号就可以调整大小，但是并不一定能够尽快适配当前页面的效果，重复调整耗时耗力。

单击【插入】选项卡中的【页眉—编辑页面】命令，或者双击页眉进入页面编辑状态，在此状态之下，可以直接使用鼠标选中页面中的水印。

此时，水印四周会出现调整控件，通过鼠标拖动就可以快速调整大小，如图 7-22 所示。使用鼠标拖动时，需要注意同时按住 Shift 键使水印同比例缩小，否则在缩放完成之后，文本已经发生了变形。

图 7-22　页眉编辑状态
下可以直接调整水印

3. 删除水印

当不需要水印时应该如何删除呢？单击【设计】选项卡中的【水印】命令，在下拉列表中可以直接单击【删除水印】命令完成删除操作，如图 7-23 所示。

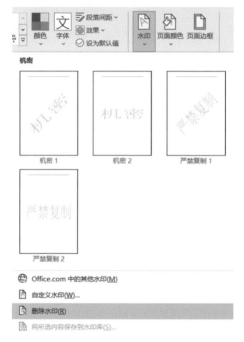

图 7-23　删除水印

7.3.2　添加公司 Logo 水印

如果水印为公司 Logo，则能够获得更加直观的展示效果。事实上，添加公司 Logo 作为水印，就是将文本内容替换为图片。

单击【设计】选项卡中的【水印—自定义水印】命令，在弹出的【水印】对话框中选择【图片水印】单选项，下方选项显示为可编辑状态后，单击【选择图片】

按钮，如图 7-24 所示。

在弹出的【插入图片】对话框中可以选择来自电脑本地、必应、OneDrive 3 个渠道的图片，如图 7-25 所示。

图 7-24　图片水印　　　　　　　　图 7-25　插入图片的 3 种途径

如果已经将公司的 Logo 图片存放于电脑本地，则单击【浏览】后在电脑中查找保存路径，选择目标文件并单击【确定】按钮，将图片载入 Word 文档中。

> ## 💡 小贴士
>
> 在插入 Logo 图片并应用之后，会发现 Logo 的颜色样式和原图存在差别，如图 7-26 所示。

图 7-26　冲蚀效果与原效果

这是因为插入图片水印时，Word 默认开启了【冲蚀】效果，这使得图片在作为文档水印时不至于颜色过于亮丽或者遮挡文本内容。如果希望清晰呈现 Logo，则取消勾选【冲蚀】复选框。

与此同时，图片水印中的缩放默认为【自动】调整缩放，单击下拉箭头即可选择缩放比例，如图 7-27 所示。

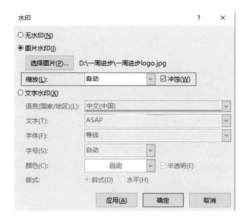

图 7-27　图片水印默认为自动缩放和冲蚀效果

7.3.3　添加页面水印

在文档中添加水印时，所有页面均会统一被应用同一内容的水印。然而，现实情况中，有些时候我们仅仅只需要为文档的部分页面添加水印，其他页面保持无水印样式。

选择需要插入水印的页面，单击【设计】选项卡中的【水印】命令，在下拉列表中选择一个相对符合的样式，单击鼠标右键，在弹出的快捷方式中选择【在当前文档位置插入】命令，如图 7-28 所示。Word 只会在当前选择的页面中插入该水印，其他页面不发生变化，如图 7-29 所示。

图 7-28　在当前文档位置插入水印

图 7-29 只有选择的页面插入水印

　　不过，通过以上方式在指定页面添加水印之后，在【水印】对话框中显示的是【无水印】。如果需要对水印样式和内容进行调整，则意味着我们无法通过【水印】对话框对页面中的水印进行批量调整，如图 7-30 所示。

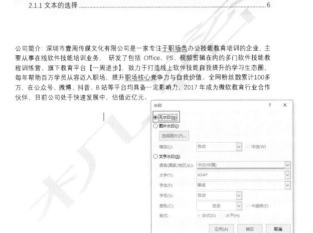

图 7-30 显示为【无水印】

　　此时，我们可以返回已经添加水印的页面，会发现水印中有段落标记的符号，单击后进入文本框编辑格式，直接对文本内容和格式进行修改，如图 7-31 所示。

图 7-31　修改当前位置水印

　　但是，通过 Word 内置的水印在指定页面添加水印并不适用于批量为指定页面添加水印，这会在无形之中增加工作量。

　　如果你对 Word 分节的设置已经足够熟悉，则可以尝试通过此种方式更快完成不同页面添加水印的操作，在此仅提供解决问题的思路，希望进一步了解的读者可以自行探索，将知识进一步内化。

7.3.4　打印文档水印

　　添加水印后，文档中会直接显示，但切换至打印预览时，页面中却一片空白，这是怎么回事？怎么使水印能够在文档打印时同步被打印出来呢？

　　如果查看文档时水印可以正常呈现却无法在打印预览中显示，则单击【文件—选项】命令，在弹出的【Word 选项】对话框中单击【显示】，勾选【打印选项】中的【打印在 Word 中创建的图形】复选框，单击【确定】按钮，如图 7-32 所示。再次进入打印预览页面，就可以看到设置的水印内容，可以将水印和文本内容一起打印出来。

图 7-32　设置打印选项

　　掌握水印的打印设置之后，我们还可以"反其道而行之"。

　　如果不想将文档中的水印内容打印到文档中，在打印之前进入【Word 选项】对话框，取消勾选【打印在 Word 中创建的图形】复选框。取消勾选之后，打印的文档不会有水印内容，但 Word 文档中的水印依然正常显示，如图 7-33 所示。

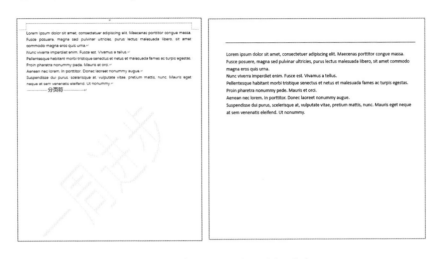

图 7-33　取消勾选后的文档界面与打印预览界面

第 8 章

Word 打印太费纸，你需要掌握打印秘诀

8.1 高效打印

8.1.1 快速预览文档

如果文档太多，也没有好好地给文档命名，那么在找文件时，就会重复进行打开和关闭的操作，直到找到自己需要的文件为止。怎样才能既快速又准确地找到自己想要的文件呢？

接下来介绍一个好方法：快速预览文档。

（1）双击打开电脑桌面上的【文件资源管理器】，找到存放文档的目标文件夹。在文件夹中，选中想要打开查看内容的文档，使该文件夹呈现被选中的状态。

（2）单击该窗口左上角的【查看】选项，在弹出的菜单栏中找到【预览窗格】命令，单击选中。

（3）在该窗口的右侧，会看到刚刚被选中的文档的缩小版预览，如图 8-1 所示。

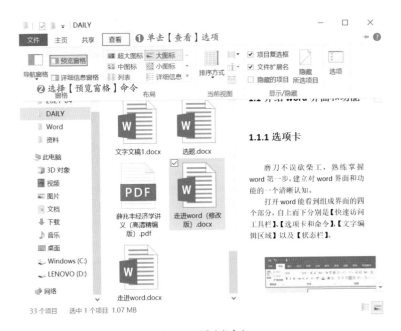

图 8-1 预览文档命令

查看完毕之后，如果觉得右边空着阻碍自己查找文件，就按照上述路径，再次单击【预览窗格】命令，就不会有右边大片的空白区域出现了。

预览窗口可以预览的文件格式十分丰富，不仅是 Word 文档，对 Office 系列的办公文档都有非常好的帮助，如图 8-2 所示。

图 8-2　PPTX 格式文件预览示例

8.1.2　打印如何省纸

本节我们会介绍几个有关打印的小技巧，快快学起来！

1. 一键减少一页

有时，文档最后一页只有几行字，直接打印会比较浪费纸张，有什么方法可以减少一页呢？

其实，Word 暗藏玄机，里面有一个功能可以帮助我们节约纸张，还非常方便，能够实现"一键减少一页"的理想功能。

Word 是怎么做到的呢？

其实就是通过略微缩小字号和间距，在尽可能不影响观看效果的原则下，缩减一页，设置方法如下。

（1）在选项卡的任意处单击鼠标右键，在弹出的快捷菜单中选择【自定义

功能区】命令，弹出【Word 选项】对话框，在【从下列位置选择命令】的下拉
列表中，选择【所有命令】。

（2）在其下方的下拉框中，找到【打印预览编辑模式】命令。单击【添加】
按钮，在右边的位置看到【打印预览编辑模式】命令出现即可，单击【确定】按钮，
完成打印预览命令的添加，如图 8-3 所示。

图 8-3　【打印预览编辑模式】命令的添加

（3）添加完毕之后，我们可以在 Word 界面的左
上角的自定义访问工具栏的位置，找到【打印预览编辑
模式】的图标，如图 8-4 所示。

图 8-4　【打印预览编辑模
式】图标

（4）单击该图标，进入【打印预览】模式，单击【缩
减一页】命令，如图 8-5 所示。

设置好后，我们就可以看到最后一页已经是满满当当的了。

图 8-5 【缩减一页】命令

2. 调整页边距

如果 Word 弹出如图 8-6 所示对话框，说明字号实在不能再减小了，如图 8-6 所示。

那么我们就换一种方法，将页边距缩小，以便页面能够承载更多内容。

图 8-6 无法缩减提示

同上述操作，将【打印预览编辑模式】的图标添加到自定义访问工具栏，如果已经添加完毕就可以省去该步骤了。

此时，我们再进入【打印预览】模式（见图 8-5），在【页面位置】组中可以找到【页边距】命令，单击该命令，在弹出的下拉列表中，选择【自定义页边距】命令，弹出【页面设置】对话框，将页边距调小，以使中间部分变大来承载更多内容，如图 8-7 所示。

图 8-7 【页面设置】对话框

3. 又快又省地打印

不是所有的打印件都是终稿，很多时候可能只是和同事开会时用一下，其实这时候我们没必要打印得很精美。

可以适当地降低打印的清晰度，选择用草稿的质量来打印。

以较低分辨率来打印文档，不仅会降低耗材费用，打印的速度也会提高。但是清晰度不会出现问题，不会影响正常阅读。

我们可以单击【文件—选项】命令，在弹出的【Word 选项】对话框中，单击【高级】标签，下滑进度条，找到【打印】部分的选项，然后勾选【使用草稿质量】复选框，单击【确定】按钮，如图 8-8 所示。

图 8-8　使用草稿质量

此时再打印文件，发现打印效率会提高，而且耗材也会变少，是一个经济又划算的选择。

4. 多页面打印

如果仅仅是想打印出来看看版式及整体效果，我们还可以选择将多个页面打在一版上。

单击【文件—打印】命令，在设置栏中选择【每版打印 × 页】，在弹出的列表中选择自己想要打印的页面数即可，如图 8-9 所示。

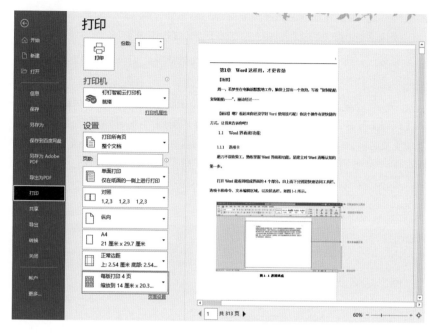

图 8-9 多页面打印

5. 双面打印

双面打印的选项同样在上述的【打印】界面中。

首先，单击【文件—打印】命令，在设置栏中单击【单面打印】。

然后，在弹出的下拉列表中选择【双面打印】选项，如图 8-10 所示。

小贴士

此处有 3 个双面打印选项，可以根据自己想要的翻页方式来选择，我们日常用得最多的是"从长边翻转页面"。

6. 设置打印范围

有时，我们只需打印文档中的部分内容，要怎样设置呢？

首先，选中想要打印的内容，然后单击左上角的【文件—打印】命令。

在设置区域单击系统默认的【打印所有页】选项，在弹出的列表中选择【打印选定区域】命令，如图 8-11 所示。

图 8-10 双面打印　　　　　　　图 8-11 打印选定区域

小贴士

该命令使用的前提是你必须要选中一部分内容，否则该命令是无法使用的。

同样，在该打印设置中，还可以看到一些其他命令，比如打印当前页面、仅打印奇数页、仅打印偶数页等。还可以设置自定义打印范围。

同上述操作，只不过我们要选择位于【打印选定区域】下方的【自定义打印范围】命令，在下方的文本框中输入自己想要打印的页码，如图 8-12 所示。

图 8-12 自定义打印范围

这个操作也可以实现打印指定页面及其部分连续页面。

连续页面可以直接输入，例如我们想打印第 5 页至第 8 页，可以直接输入"5-8"。

8.2 打印小技巧

8.2.1 设置打印方向

有时我们需要打印的文件，横向打印比竖向打印拥有更好的表现效果。所以此时可以选择用横向来打印文件。

那我们应该如何改变打印的方向呢？接下来一起学习一下吧！

首先，我们可以将鼠标光标放置于任意位置。

然后，单击上方工具栏中的【布局】选项卡，在【页面设置】组中单击【纸张方向—横向】命令，如图 8-13 所示。

图 8-13 横向打印

此时，我们发现整个文档都变成了横向布局。

但问题来了，我只想把当前的这一页变成横向布局，不是想要整个文档都变成横向布局，这该怎么办呢？

其实也很简单。

首先，我们可以将鼠标光标放置在想要变成横向布局的页面。单击上方工具栏中的【布局】选项卡，在【页面设置】组的右下角单击对话框启动器图标 。

然后，在弹出的【页面设置】对话框中，选择纸张方向为【横向】，在下方的【预览】区域找到【应用于】命令，单击打开其下拉列表，选择【插入点之后】，如图 8-14 所示。

图 8-14　部分页面横向布局

此时，我们就可以看到整个文档中只有插入光标的页面变成了横向布局。

8.2.2　设置纸张大小

首先，单击 Word 界面左上角的【文件—打印】命令。

我们可以在设置中看到一个纸张规格的选项，例如，这里默认是【A4】选项，单击纸张规格的选项，会弹出一个纸张规格列表，可以在其中看到许多规格的纸张，如图 8-15 所示。

然后，单击自己需要的纸张规格，打印即可。

这些打印的小技巧之间都不是孤立的，我们可以试着将某一部分的内容采用横向页面布局，使用 B5 纸张进行打印，逐渐融会贯通。

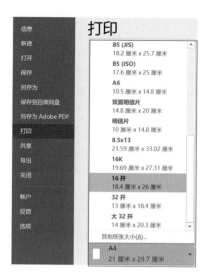

图 8-15　纸张规格选项

8.2.3　调整打印排序

1. 逆序打印

很多时候我们都会遇到以下情况：

每次需要打印很多资料时，打印出来的第一页会被叠到最底层，打印出来的最后一页却在最上面。

如果要一张一张调整顺序，则很浪费时间，那有什么办法可以在打印时设置好顺序呢？

我们可以在打印之前就调整好打印排序，以倒序的方式打印，这样打印时，第一页就会被放置在最上面，省去了整理的麻烦。

接下来，我们介绍下操作方法。

（1）打开需要倒序打印的文档，在 Word 界面的左上角单击【文件—选项】命令。

（2）在弹出的【Word 选项】对话框中，单击左侧的【高级】标签。

（3）滑动右侧滑块，找到【打印】区域，勾选【逆序打印页面】复选框，如图 8-16 所示。

这样就把打印的顺序设置好了，打印出来后的文件，排列得井井有条，省时省心。

图 8-16 逆序打印页面

2. 对照

有时候，我们需要将一份文档打印 n 份，打印机有时是将一份文档打印完，然后重复 n 遍。有时又是打印了 n 张第一页，再来打印 n 张第二页直至最后一页，次序会很乱。

会出现这样的情况，是因为忽略了调整打印排序。

我们可以在打印多份文档时，留心一下【对照】选项中应用的是哪一种命令，如图 8-17 所示。

对照就是"1，2，3　1，2，3　1，2，3"选项，即是将一份文档打完之后，再打印下一份完整的文档，直至所有文档都打印完，也就是所谓的逐份打印。

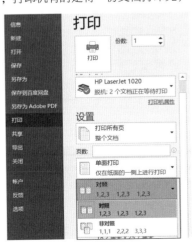

图 8-17 【对照】选项

非对照是 "1，1，1 　2，2，2 　3，3，3" 选项，即是打印完 *n* 份的第一页，然后打印 *n* 份的第二页……以此类推，也就是所谓的逐页打印。

在日常工作中，逐份打印更加便于装订使用。

8.2.4 打印背景色及图像

Word 打印默认是忽略背景色和图像的，但如果我们想要显示背景色和图像，将它们打印出来，该怎么办呢？

首先，在 Word 页面左上角单击【文件—选项】命令，在弹出的【Word 详细】对话框中选择【显示】标签。

然后，下拉滑块，找到【打印选项】区域，勾选【打印背景色和图像】复选框，如图 8-18 所示。

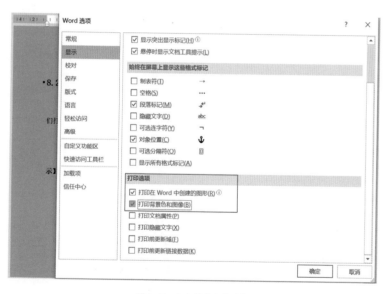

图 8-18　打印背景色和图像

接下来，打印的文件就会显示背景色和图像了。

第9章

Word 技巧拓展，让你成为文档高手

9.1 邮件合并

要想工作效率高，批量操作少不了。使用 Word 的邮件合并功能，就可以批量制作标签、通知、工资条等，大大提高工作效率。

9.1.1 制作标签

标签的用途有很多，负责商品销售的读者可以用来快速为不同商品贴上标签，同样，办公室的行政文员也可以用来快速为不同的办公用品贴上说明。

（1）准备好标签的数据源文件，如图 9-1 所示。

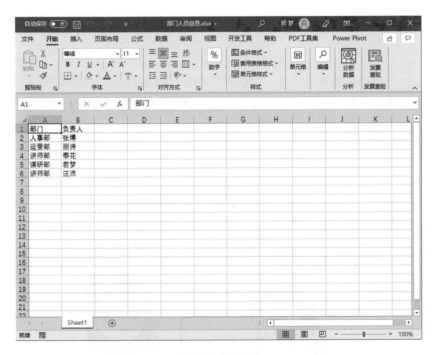

图 9-1 数据示例

（2）切换到在 Word 文档中，单击【布局】选项卡【页面设置】组中的对话框启动器图标，如图 9-2 所示。

图 9-2　启动器

（3）在弹出的【页面设置】对话框中，单击【纸张】标签，然后设置纸张的大小。这里保持默认设置，单击【确定】按钮，如图 9-3 所示。

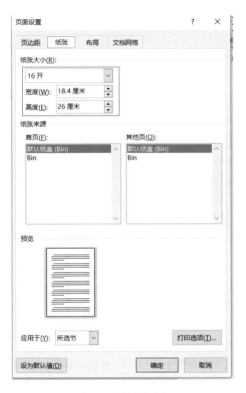

图 9-3　纸张大小设置

（4）选择【邮件】选项卡，单击【开始邮件合并—标签】命令，如图 9-4 所示。

（5）在弹出的【标签选项】对话框中，找到【产品编号】区域。在【产品编号】的列表框中选择【A4（纵向）】，其右侧【标签信息】中会显示出所选产品编号的信息。然后单击【新建标签】按钮，如图 9-5 所示。

图 9-4　标签

图 9-5　产品编号

（6）在打开的【标签详情】对话框中，在【标签名称】框中输入"不干胶标签"字样。在【横标签数】和【竖标签数】框中分别输入标签的行数和列数，并调整宽度和边距等参数。如此设置好标签的大小，最后单击【确定】按钮，如图 9-6 所示。

（7）返回到【标签选项】对话框，在【产品编号】列表框中会显示出新制作的标签，并在右侧【标签信息】中显示该标签的信息，如图 9-7 所示。

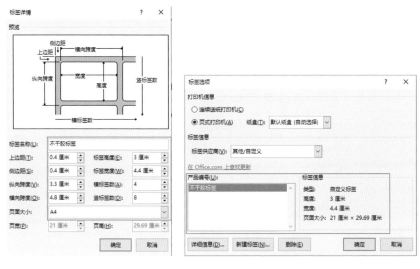

图 9-6   图 9-7 标签信息

（8）单击【确定】按钮返回文档，Word 会自动在文档中插入刚刚设计好的标签表格，但是插入的表格不显示框线，会显示一些占位符，如图 9-8 所示。

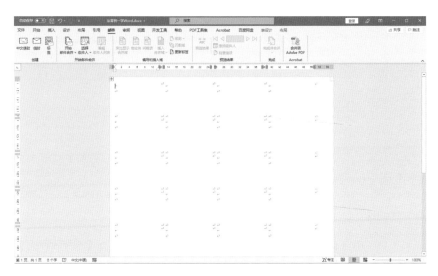

图 9-8 占位符

（9）为了方便查看，单击表格左上角的 ⊞ 图标，选中整个表格。单击【开始】

选项卡【段落】组【下框线】按钮右侧的小倒三角，在弹出的下拉列表中选择【所有框线】命令，为表格添加框线，如图 9-9 所示。

图 9-9 为表格添加框线

（10）标签表格的设置效果如图 9-10 所示。

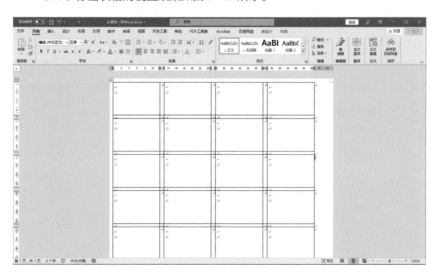

图 9-10 效果示例

（11）单击【邮件】选项卡，在【开始邮件合并】组中选择【选择收件人】按钮，在下拉列表中选择【使用现有列表】命令，如图 9-11 所示。

（12）此时，会弹出【选取数据源】对话框，找到我们最初准备好的数据源（Excel 表格），并选中。单击【打开】按钮，然后选择有标签信息的文件，如图 9-12 所示。

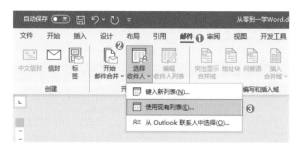

图 9-11　使用现有列表

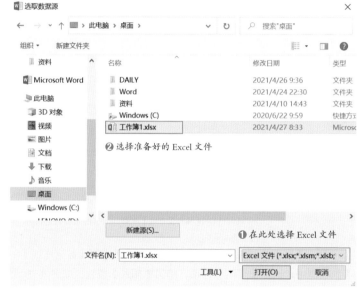

图 9-12　选取数据源

（13）单击【打开】按钮之后，会弹出【选择表格】对话框，选中该表格后，单击【确定】按钮，如图 9-13 所示。

图 9-13　选择表格

（14）返回文档中，单击【邮件】选项卡【编写和插入域】组中的【插入合并域】命令，如图 9-14 所示。

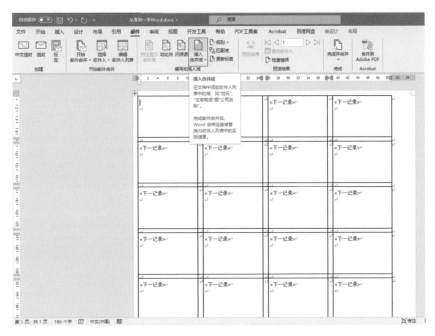

图 9-14　【插入合并域】命令

（15）弹出【插入合并域】对话框，在【插入】下选择【数据库域】单选项；在【域】列表框中，选择【部门】选项，单击【插入】按钮，如图 9-15 所示。

图 9-15　插入合并域

（16）单击【关闭】按钮，关闭【插入合并域】对话框返回文档中。在【编写和插入域】组中，单击【更新标签】按钮，如图 9-16 所示。

图 9-16　更新标签

（17）在【完成】组中单击【完成并合并—编辑单个文档】命令，如图 9-17 所示。

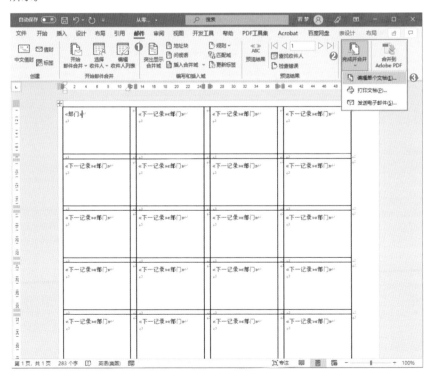

图 9-17　编辑单个文档

（18）弹出【合并到新文档】对话框，设置要合并的范围，这里选择【全部】单选项，然后单击【确定】按钮，如图 9-18 所示。

图 9-18　合并范围

（19）此时，我们就新建了一个名为"标签 1"的新文档。"数据源 .xlsx"中的部门数据分布在文档的标签框中，如图 9-19 所示。

图 9-19　示例

（20）对标签中的部门数据进行字体设置，然后准备不干胶纸，页面大小与设置的纸张大小一致，将内容打印出来即可。有关打印的问题可以回顾第 8 章。

9.1.2 制作奖状

制作奖状不是一个复杂的操作，使用 Word 就可以搞定。但如果要大批量制作奖状，例如奖励名单多于 100 人，就很头疼了。一张一张地制作打印，效率实在太慢了。

有什么办法可以批量制作奖状呢？下面就介绍一下。

（1）准备一个 Excel 表格的获奖人员名单，包含姓名、奖项等内容，如图 9-20 所示。

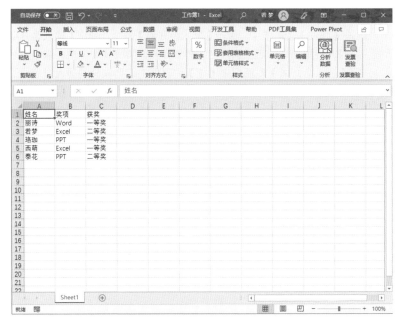

图 9-20　表格示例

（2）在 Word 中制作奖状的模板，如图 9-21 所示。

图 9-21　奖状示例

（3）选择【邮件】选项卡，单击【选择收件人—使用现有列表】命令，如图9-22所示。

图 9-22　使用现有列表

（4）在弹出的【选取数据源】对话框中，选择准备好的奖状名单，即Excel表格，将其导入进来。

（5）在【邮件】选项卡中，单击【插入合并域】命令，弹出【插入合并域】对话框。同时，将鼠标光标定位到姓名、奖项和获奖情况3个位置，选中要替代的部分，将【插入合并域】对话框中【域】列表框中的选项分别插入对应位置，如图9-23所示。

图 9-23　插入合并域

💡 **小贴士**

如果在表格中输入的是"× 等奖"，在奖状中，要选中"× × × 等奖"来替换，否则输出之后，就会变成"× 等奖等奖"。

（6）在【邮件】选项卡中，单击【完成并合并—编辑单个文档】命令。在弹出的【合并到新文档】对话框中，选择【全部】单选项，单击【确定】按钮。

此时会新建一个 Word 文档，所有人员的奖状都包含在此文档中了，非常简单，你学会了吗？如图 9-24 所示。

图 9-24　示例

9.1.3　工资条

制作工资条是每一位财务人员都要掌握的技能。但是，工资条和我们平时编辑的工资表是不一样的，工资表只需要保存在电脑中，而工资条需要打印出来。

如果用常规的邮件合并的方法制作工资条，会有一个问题，那就是在一个页面中只显示一个人的工资。这样打印出来，实在是太浪费纸张了。

我们更多时候会把很多工资条合并在一个页面上，需要使用"邮件合并 +插入记录"功能，实现紧密型工资条的制作。

下面具体介绍如何在 Word 中制作工资条。

（1）在 Excel 表中准备好工资条所需要的数据，如图 9-25 所示。

图 9-25　表格示例

（2）在 Word 中创建一个符合审美需求的工资条表格，输入工资条所需要的表头文本。然后选择【邮件】选项卡，单击【选择收件人—使用现有列表】命令，如图 9-26 所示。

图 9-26　使用现有列表

💡 小贴士

在没有准备 Excel 数据的情况下，也可以选择【键入新列表】命令，然后录入工资条所需要的数据。

（3）选择工资条数据所在的工作簿。在弹出的【选取数据源】对话框中，找到并选中我们准备好的数据表格，如图 9-27 所示。

（4）选择工资条数据所在的工作表，单击【确定】按钮，如图 9-28 所示。

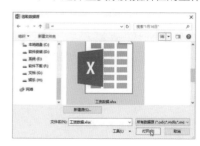

图 9-27　选取数据源

图 9-28　选取工作表

（5）将鼠标光标置于"姓名"下方的单元格中，单击【邮件】选项卡中的【插入合并域】命令，在下拉列表中选择【员工姓名】域（见图 9-29）。同理，完成【基本工资】、【绩效工资】等域的插入。

图 9-29　插入合并域

（6）复制粘贴表格，直到表格粘贴满 1 个 Word 页面。

💡 **小贴士**

在粘贴时，表与表之间要留空行，如图 9-30 所示。

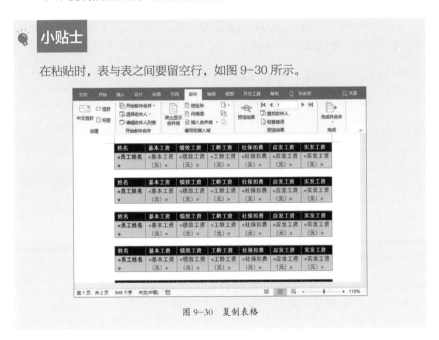

图 9-30　复制表格

（7）将鼠标光标置于第1张表与第2张表中间的空行上，单击【邮件】选项卡，单击 图标，在下拉列表中选择【下一记录】命令，如图9-31所示。

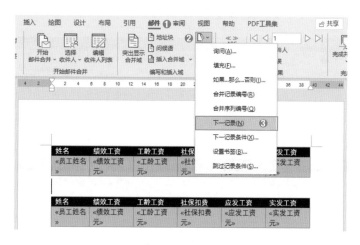

图 9-31　下一记录

用同样的方法，为每一张表与表之间的空行都添加【下一记录】标记。

（8）完成标记添加后，就可以开始批量生成工资条了。在【邮件】选项卡中，单击【完成并合并—编辑单个文档】命令，如图9-32所示。

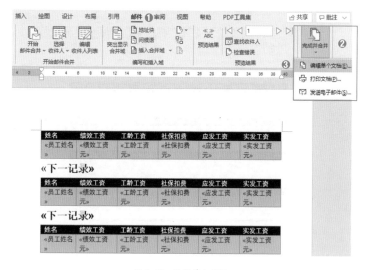

图 9-32　编辑单个文档

（9）在弹出的【合并到新文档】对话框中，选择【全部】单选项，单击【确定】按钮，合并所有的记录，如图 9-33 所示。

图 9-33 完成并合并

此时工资条制作就完成了，效果如图 9-34 所示。

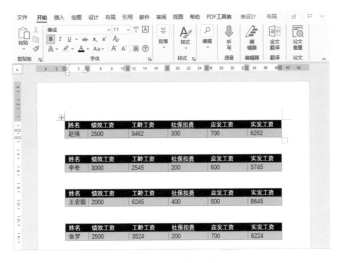

图 9-34 工资条示例

9.2 控件

9.2.1 复选框、单选按钮、内容控件

1. 插入复选框

如果用电脑来完成工作的你需要列一个待办清单，那不妨就用简单纯朴的

Word 来制作一个吧！

（1）如果你的 Word 视图中，没有【开发工具】选项卡，就需要单击左上角的【文件—选项】命令。

（2）在弹出的【Word 选项】对话框中单击【自定义功能区】标签，在右侧的【主选项卡】列表框中，勾选【开发工具】复选框，如图 9-35 所示。

（3）单击【确定】按钮，回到 Word 视图，会发现【视图】选项卡的旁边，出现了新的【开发工具】选项卡，此处的【控件】组包含了约 10 种常用的控件，如图 9-36 所示。

图 9-35　开发工具

图 9-36　常用控件

（4）此时，只需要将鼠标光标定位在想要插入复选框的位置，单击【开发工具】选项卡，找到复选框图标，单击插入即可，如图 9-37 所示。

图 9-37　复选框图标

插入时，复选框会呈现编辑状态 ，如果单击选中会呈现被选中的状态 。如果不想选中，可以直接按下键盘上的【→】键，以退出编辑状态。

默认情况下，单击复选框，其就会在空白和 × 之间自由切换。如果不喜欢选中状态下的"×"样式，也可以更换自己喜欢的样式。

（5）我们可以选中复选框，在【控件】组中，单击【属性】命令，弹出【内容控件属性】对话框，进行调整。在【选中标记】或【未选中标记】后单击【更改】按钮，在弹出的【符号】对话框中找到对勾√，或者其他任何你喜欢的字符，如图 9-38 所示。

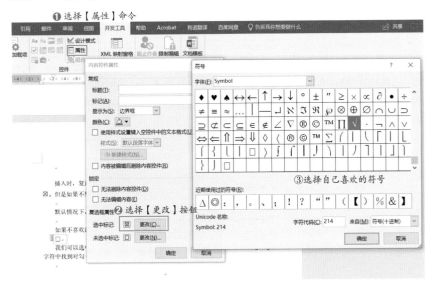

图 9-38　更改复选框样式

按照以上步骤，我们制作了如图 9-39 所示的列表清单。

2. 插入单选按钮

如果不喜欢千篇一律的复选框，也可以制作成如下的

> 2021 年 4 月 27 日星期二
> □ 工作计划
> □ 上个月的工作总结
> □ ……

图 9-39　清单列表示例

单选按钮。

    ◉ 工作计划

    ○ 上个月的工作总结

    ○ ……

同样，单击【控件】组中的【旧式工具】图标，然后在其下拉列表中选择【单选按钮】图标，如图 9-40 所示。

图 9-40　单选按钮

当我们插入单选按钮后，会发现不能直接进行编辑。

这时单击鼠标右键，在弹出的快捷菜单中选择【"选项按钮"对象—编辑】命令，就可以对单选按钮后的文本部分进行编辑了，如图 9-41 所示。

图 9-41　"选项按钮"对象及编辑

9.2.2 下拉列表内容控件、日期选取器内容控件、文本内容控件

控件在表单中是非常实用的工具。下面介绍几个常用的工具。

1.下拉列表内容控件（见图 9-42）

基本信息						
姓名：		性别：	选择一项。 ▼		生日期：	
地址：			选择一项。 男 女		政编码：	
手机：		固定电话：			子邮件：	

图 9-42　下拉列表内容控件

单击【开发工具】选项卡中的【属性】命令，在弹出的【内容控件属性】对话框中可以对控件进行相应的设置，以增加或删除选项，如图 9-43 所示。

图 9-43　增加或删除选项

2. 日期选取器内容控件（见图 9-44）

图 9-44　日期选取器内容控件

3. 文本内容控件（见图 9-45）

基本信息					
姓名：	具体到市即可	性别：		出生日期：	2021/4/27
地址：	单击或点击此处输入文字。			邮政编码：	
手机：		固定电话：		电子邮件：	

图 9-45　文本内容控件

在填写表单时，有些人可能不知该如何填写，或者对填写格式不了解而导致填写错误。我们可以利用文本内容控件来提示填写方式，避免上述情况发生。

（1）单击【开发工具】选项卡，在【控件】组中，单击【格式文本内容控件】图标 **Aa** 或【纯文本内容控件】图标 Aa，就可以在光标处看到"单击此处输入文字"控件。

（2）单击【属性】按钮，弹出【内容控件属性】对话框，在其中设置标题和题记内容，勾选【内容被编辑后删除内容控件】复选框，单击【确定】按钮。

（3）此时，可以看到在要填写内容的位置添加了注释，用户根据注释填写内容即可（见图 9-45）。

在表单中使用控件，就是无形之中给出了填写的规范，避免造成不必要的格式混乱等情况。

还有其他一些不太常用的控件，不再赘述，读者可以自行去尝试。

9.3 将 PDF 文件转换为 Word 文档

将 Word 文件转换为 PDF 是比较简单的，稍微新一点的 Word 版本或者 WPS 软件，将 Word 文件另存为时都有格式存储的选项，可以直接存储为 PDF 格式。

但是将 PDF 文件转换为 Word 文档就没那么简单了，特别是某些扫描文件制作的 PDF 文档，即里面的所有内容其实都是图片的 PDF 文件。下面介绍 3 种将 PDF 文件转换为 Word 文档的方法，相信总有一种可以满足你的要求。

9.3.1 Word 2013 及以上版本

从 Word 2013 版本开始，Word 可以编辑 PDF 文件。

只需要选中 PDF 文件，单击鼠标右键，在弹出的快捷菜单中，将打开方式选择用 Word 2013 及以上的版本。

在打开过程中会弹出如图 9-46 所示对话框，以提醒用户 PDF 转化为可编辑的 Word 文件时会出现与原文件些许不同的情况，原文件包含大量图形时更易失真。

图 9-46 Word 提示

需要注意的是，若 PDF 文件之前是由 Word 转换而形成的，则转换效果较好。但是当 PDF 是扫描版文件，不清晰或者含有较复杂的内容时，转换后会出现以图片形式插入 Word 文件的情况。

9.3.2 Adobe Acrobat Pro DC 转换方法

强大的 Adobe 新推出来了一款软件，是专门用来编辑 PDF 文件的。

（1）下载 Adobe 的软件 Adobe Acrobat Pro DC，安装完毕后打开。

（2）单击左上角的【工具】，然后在【选择文件】区域添加需要转换的 PDF 文档。

（3）添加完毕后，在其右侧区域选择【Word 文档】或【Word 97-2003 文档】图标,最后单击下方的【导出】按钮,即可将 PDF 文档转换为 Word 文件了(见图 9-47)。

图 9-47　Adobe Acrobat Pro DC

9.3.3　在线转换方法

还有很多在线的文件格式转换网站来帮助我们进行文件格式的转换。

1. W 大师

进入 W 大师网站,该网站有很多转换功能,在其主页单击【选择上传文件】,选取需要转换的文件上传,就可以实现将 PDF 文件转换为 Word 格式,如图 9-48 所示。

图 9-48　W 大师

2. 超级 PDF

超级 PDF 网站不仅支持 PDF 和 Word 格式的转换，还支持 Excel 等的格式转换，每天有免费转换的机会，适合每天有少量转换需求的用户，如图 9-49 所示。

图 9-49　超级 PDF

3. Smallpdf

Smallpdf 和超级 PDF 网站类似，进入该网站可以直接上传 PDF 文档，进行转换即可，如图 9-50 所示。

超级 PDF 和 Smallpdf 这两个网站都对 PDF 文件的大小有一定的限制，所以不建议过大的文件使用在线网站进行格式转换。

图 9-50　Smallpdf

9.4 在 Word 文档中插入 PPT、Excel 文件

Office 系列软件之间是互通的，在 Word 中也可以直接插入 PowerPoint 文件，并对 PowerPoint 进行编辑。

1. 插入 PowerPoint 文件

（1）在菜单栏找到【插入】选项卡，单击【对象—对象】命令，如图 9-51 所示。

图 9-51 【对象】命令

（2）在弹出的【对象】对话框中，选择对象类型中的【Microsoft PowerPoint 97-2003 Presentation】选项，单击【确定】按钮，如图 9-52 所示。

图 9-52 【对象】对话框

（3）Word 中会插入 PowerPoint 界面，用户可以像在 PowerPoint 中一样制作幻灯片，如图 9-53 所示。

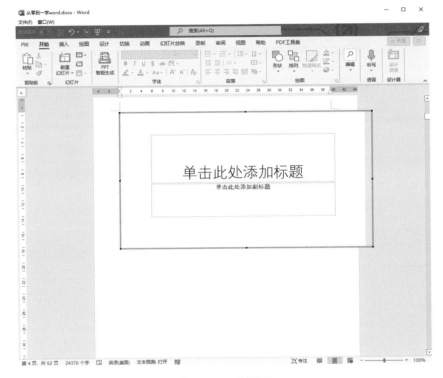

图 9-53　PPT 编辑视图

（4）利用功能区中各选项卡功能，可以对 PowerPoint 演示文稿进行设置。设置完成后鼠标单击幻灯片外任意位置，即可返回 Word 文档中，并且幻灯片成功生成在 Word 文档中。

2. 插入 Excel 文件

同样，Excel 也可以以同样的方式插入 Word 中。我们只需要在【对象类型】中选择【Microsoft Excel 97-2003 Worksheet】选项，如图 9-54 所示。

原本的 Word 视图会变成 Excel 编辑视图，如图 9-55 所示。

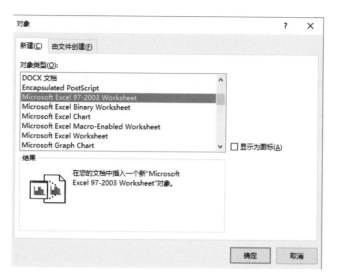

图 9-54　对象类型

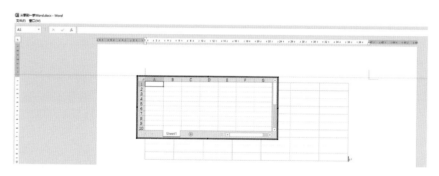

图 9-55　Excel 编辑视图

设置完成后鼠标单击 Excel 外的任意位置，即可返回 Word 文档中，并且 Excel 表格成功地生成在了 Word 文档中。

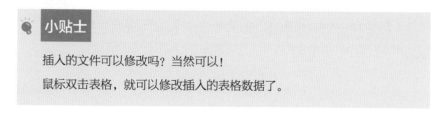

插入的文件可以修改吗？当然可以！

鼠标双击表格，就可以修改插入的表格数据了。

3. 创建文件链接

如果不想把新插入的文件在 Word 中展示出来，只是想插入一个文件链接，应该怎么做呢？

只需要在最初插入对象时，在【对象】对话框中选择对象类型后，勾选右侧的【显示为图标】复选框，如图 9-56 所示。

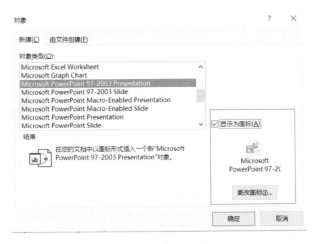

图 9-56　创建文件链接

9.5　文档分屏显示

在需要对照浏览文档内容时，如果反复上下翻动来对比，不仅非常麻烦，而且容易看得眼花缭乱，导致效率低下。

这时利用 Word 中的分屏显示功能浏览文档就非常方便了。

1. 同一文档拆分

打开一个 Word 文档，选择【视图】选项卡，单击【窗口】组中的【拆分】命令，Word 会自动将该文档分成上下两部分，以方便用户对照浏览同一文档的上下两部分，如图 9-57 所示。

2. 两个文档并排查看

想要同时浏览两个文档时，Word 一键就可以搞定！同时打开两个 Word 文档，在【视图】选项卡中，选择【并排查看】命令，如图 9-58 所示。

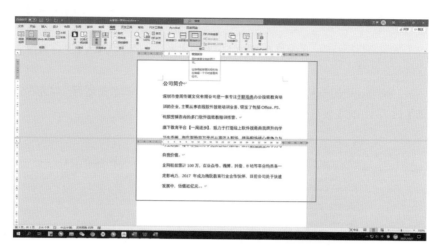

图 9-57 画面拆分

图 9-58 【并排查看】命令

如图 9-59 所示，Word 文档就已经完成分屏显示了。

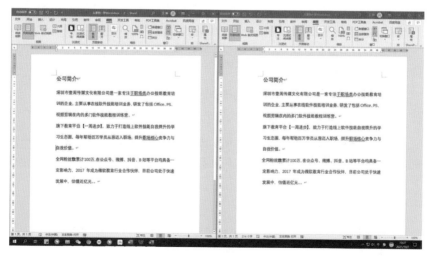

图 9-59 并排查看

另外，因为是并排查看，所以会启动【同步滚动】功能，即滑动一边文档的同时，另一边文档也会随之滑动，会方便很多。

利用文档的分屏功能，可以快速地浏览文档，为我们节省了很多时间。

9.6　快速合并、拆分文档

在工作和学习中，我们经常会遇到需要多人协作编辑文档的情况。

在一个团队中，成员的软件使用水平和书写习惯往往存在着差异，使协作困难重重。下面介绍一些提高 Word 多人协作效率的方法，助你事半功倍。

9.6.1　统稿前要统一格式

在书写完毕做统稿时才开始排版是一种比较低效的做法。在这种情况下，排版负责人需要花费相当长的时间去整理所有内容的格式。

为了提高协作效率，在书写开始之前，团队就应该开会沟通，规定好排版的规则，要求每个成员在书写的过程中完成自己部分的排版。例如，规定序号的标记方法、字体字号、标题需使用样式等。

如果团队中有 Word 基础较为薄弱的成员，可以先为他进行简单的培训，学会使用基本的样式设置，以提高团队的整体协作效率。

9.6.2　未统稿的补救方法

如果在书写前没有统一规定格式，便只能在统稿时补救。可以采用以下方法。

1. 总结规律，使用查找替换

例如，为了应用样式实现自动化排版，我们需要将文中各级标题的手打序号删除。然后使用样式对选中的部分进行修改。

2. 样式设置使用快捷键

在进行排版操作时，我们通常是右手握着鼠标进行单击。巧妙利用左手按快捷键来配合鼠标操作，是提高排版效率的好方法之一。

在应用样式之前，我们可以为样式设置快捷键，让样式的应用更加方便。这样，将光标放置于段落中，就可以通过快捷键应用样式了。

3. 心平气和，吸取教训

如果文档的篇幅特别长，在没有事先统一规定的情况下，统稿者常常需要花费相当长的时间来完成统稿工作，其中免不了枯燥和重复。这时，只能靠耐心和细心一点一点完成排版了。

同时，也要把它当成一次经验教训，在下次协作时记得使用本书中的小技巧。

9.6.3 统稿中别复制粘贴

在统稿时，很多人会选择打开每个成员提交上来的文档，将文档内容全选复制，再粘贴到汇总文档中。这样的方法需要多次打开不同文档复制，效率较低。

在 Word 中有一个插入文件中文本的功能，可以快捷高效合并文档。

（1）新建一个文档，选择【插入】选项卡，单击【对象—文件中的文字】命令，如图 9-60 所示。

图 9-60　文件中的文字

（2）在弹出的【插入文件】对话框中，选择需要合并到一起的文档，单击【插入】按钮，如图 9-61 所示。

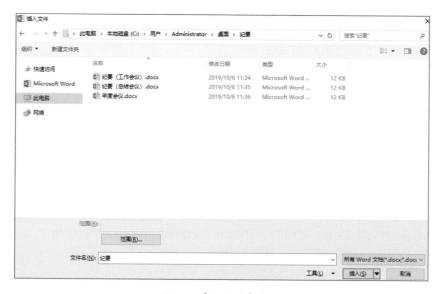

图 9-61　【插入文件】对话框

此时，Word 会自动将前面选择的所有文档的内容都复制到当前文档中。

小贴士

在选择文档时需要按顺序选择。

9.6.4 统稿后同步更新修改内容

当我们对子文档进行修改时，汇总文档也需要进行更新。如果统稿时使用了主控文档和子文档，修改其中一个，另一个就可以自动同步更新，有助于提高工作效率。

下面我们来看看具体如何操作。

（1）选择【视图】选项卡，单击【视图】组的【大纲】命令，切换到大纲视图。

（2）在【大纲显示】选项卡的【主控文档】组中，单击【显示文档】命令，再单击【插入】命令。在弹出的【插入子文档】对话框中，逐一插入子文档，如图 9-62 所示。

图 9-62 插入子文档

此处需要注意以下几点。

（1）在插入子文档前，应当事先把汇总文档和全部子文档放在同一个文件夹下。

（2）插入子文档时不可以多选，只能一个一个插入。虽然一个一个插入比较烦琐，但是插入后，再对子文档的内容进行修改，主控文档会自动同步更新。

（3）在进行统稿的过程中，不能修改主控文档和全部子文档的名称，一旦修改，就有可能找不到文档，需要进行重新插入。

当我们关闭了主文档后再次打开时，会发现主文档的内容变成了一个链接。但是不用担心，这属于正常情况。

我们只需要再次切换到大纲视图，在【主控文档】组中，找到并单击【展开子文档】命令，再关闭大纲视图即可。

此时链接就会消失，变成我们的文档内容。

统稿和修改都完成后，需要提交修改后的最终文档时，在大纲视图下，再次单击【显示文档】和【展开子文档】命令，将鼠标光标放在子文档的框线内，单击取消链接。

一直重复操作直到全部子文档的链接取消，再关闭大纲视图，主文档就可以恢复为没有子文档的普通文档。